科技创新丛书

徐 旭 / 主　编
施利毅 陈秋玲 / 执行主编

THE INTEGRATION OF MARINE-INLAND ECONOMY IN CHINA

中国海陆经济一体化

于丽丽 ◎ 著

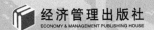
经济管理出版社
ECONOMY & MANAGEMENT PUBLISHING HOUSE

图书在版编目（CIP）数据

中国海陆经济一体化/于丽丽著 . —北京：经济管理出版社，2017.1
ISBN 978 - 7 - 5096 - 4897 - 1

Ⅰ.①中…　Ⅱ.①于…　Ⅲ.①海洋经济—经济一体化—研究—中国　Ⅳ.①P74

中国版本图书馆 CIP 数据核字 (2016) 第 324919 号

组稿编辑：张　艳
责任编辑：王格格
责任印制：黄章平
责任校对：雨　千

出版发行：经济管理出版社
　　　　　（北京市海淀区北蜂窝 8 号中雅大厦 A 座 11 层　100038）
网　　　址：www. E - mp. com. cn
电　　　话：(010) 51915602
印　　　刷：北京九州迅驰传媒文化有限公司
经　　　销：新华书店
开　　　本：720mm×1000mm/16
印　　　张：11.75
字　　　数：224 千字
版　　　次：2017 年 3 月第 1 版　　2017 年 3 月第 1 次印刷
书　　　号：ISBN 978 - 7 - 5096 - 4897 - 1
定　　　价：39.00 元

《科技创新丛书》编委会

《科技创新丛书》序

从世界范围来看，科技创新已成为经济发展的主流。全球科技创新呈现出五个特点：一是科技创新战略地位得到提升，已经成为促进国家或区域经济社会发展、凸显综合竞争力的重要手段，尤其是高新技术群中的前沿科技已经成为国家战略的制高点；二是科技创新资源取代劳动力、土地、资本等传统的生产要素，成为国家和地区快速发展的第一要素；三是科技创新元素正在解构传统的线性全球价值链，并尝试建构一个相对扁平化、网络化的全球价值链；四是科技投资规模持续扩大，世界上的经济大国都把科技投资作为战略性投资，大幅度增加科技投入，超前部署和发展战略性技术及产业；五是科技创新平台化，一批创新枢纽型、功能集成化、边界开放型的科技创新平台在全球兴起，并逐渐串联整个创新链、产业链。

"科技创新"一词，最早是由熊彼特提出的，他认为创新是经济系统中新生产函数的引入，原有的成本曲线因此而不断更新。它的内涵非常广泛，包括了一切可供资源配置的创新活动，这些活动可能与技术直接相关，也可能与技术间接相关。到了20世纪50年代，由于科学技术快速发展、技术变革对人类社会和经济发展产生了显著的影响，人们开始重新认识科技创新对社会经济发展的推动作用，并对科技创新的规律进行了研究。1951年索洛在《资本化过程中的创新：对熊彼特理论的评价》中指出：创新是技术的变化，包括将现有知识投入到实际应用中所带来的具体的技术安排、技术组合方面的变化。其他学者在科技创新的概念上也做过比较接近的研究。1953年麦克劳林提出，创新是比发明覆盖更为宽广的可能有所发展的领域。

到20世纪60年代，学者们开始有针对性地系统收集科技创新的案例与数据，伊诺斯从集合的角度定义科技创新，认为科技创新是一系列活动的成果，这些活动包括选择发明项目、提供资金、成立机构、建立工厂、开拓市场等，这些活动中有任何一项不成功，科技创新就不能成功。林恩则从创新时序过程角度定义科技创新，认为科技创新是始于对技术的商业潜力的认识而终于将其完全转化为商业化产品的整个行为过程。1969 年迈尔斯和马奎斯在对技术变革和技术创新的研究中提出，科技创新从新思想和新概念开始，通过解决各种问题，最终使一个有价值的新项目得到成功的应用。

进入 20 世纪 70 年代，有关科技创新的研究进一步深入，开始形成系统的理论，并对企业经营活动和政府管理政策产生了直接的积极影响。科技创新的研究出现了"百花齐放、百家争鸣"的局面，这一时期对科技创新的研究的具体对象开始逐步分解，对科技创新不同侧面和不同层次内容的探讨不断涌现，多种理论和方法也逐步应用到科技创新的研究中。1973 年亚瑟·D. 里特和格罗布将科技创新定义为过程概念，认为科技创新是一个始于初始构想，终于首次商业价值的历史过程。弗里曼对发明与创新进行了区分，他认为，工业技术研究、开发和技术发明只是有助于创新过程的活动，创新是指将新制品引入市场、将新技术工艺设备投入实际应用的技术的、工业的及商业的系列步骤。从经济学角度来说，创新比发明意义更为重大。1974 年厄特巴克在《产业创新与技术扩散》中提出，创新过程可分为三个阶段：新构想的产生；技术难点攻关或技术开发；商业价值实现或扩散。到 20 世纪 70 年代下半期，美国国家科学基金会大大扩宽了对科技创新的界定，认为科技创新是将新的或改进的产品、过程或服务引入市场。

20 世纪 80 年代以后，有关科技创新的概念更是层出不穷，不同学者站在不同角度，对科技创新提出了不同的理解和认识。国内的专家和学者也对其进行了研究，傅家骥认为，科技创新是包括科技、组织、商业和金融等一系列活动的综合过程。许庆瑞认为，科技创新泛指一种新的思想形成、得到利用并生产出满足市场用户需要的产品的整个过程。愈忠钰认为，科技创新是科技与经济的结合，是以技术为手段，满足生产需求和促进经济发展为目标，科技与经济互相促进和转化的过程，它既包含着技术的获取与掌握，又包含着技术的扩散、转移和渗透，还包含着市场开拓、售后服务以及改进翻新。中共中央、国务院《关于加强技术创新，发展高科技，实现产业化的决定》指出，科技创新是指企业应用创新的知识和新技术、新工艺，采用新的生产方式和经营管理模式，提高产品质量，开发生产新的产品，提供新的服务，占据市场并实现市场价值。

综观科技创新理论的发展，可以将其分成新古典学派、新熊彼特学派、制度创新学派和国家创新系统学派等。新古典学派以索洛为代表，运用新古典生产函数原理，表明经济增长率取决于资本和劳动的增长率、资本和劳动的产出弹性以及随时间变化的科技创新。他对经济增长的两种来源进行区分：一是由于要素数量增加而产生的"增长效应"；二是由于要素技术水平提高而产生的"水平效应"的经济增长。

新熊彼特学派强调技术创新和技术进步在经济增长中的核心作用。卡曼、施瓦茨等从垄断与竞争的角度研究科技创新的过程，把市场竞争强度、企业规模和垄断强度三因素综合于市场结构之中，探讨科技创新与市场结构的关系。他们认为，竞争越激烈，创新动力越强；企业规模越大，在科技创新上所开辟的市场就越大；垄断程度越高，控制市场能力越强，科技创新就越持久。在完全竞争的市场条件下，企业规模较小，缺少保障科技创新的持久收益所需的控制力，且难以筹集科技创新所需的资金，同时也难以开拓科技创新所需的广阔市场，故难以产生较大的科技创新。在完全垄断的条件下，由于缺乏竞争对手的威胁，难以激发企业的创新积极性，也不利于引起大的科技创新。相对来说，最有利于创新的市场结构是介于垄断和完全竞争之间的"中等程度竞争的市场结构"。

科技创新的制度创新学派以美国经济学家兰斯·戴维斯和道格拉斯·诺斯等为代表，他们认为，制度创新是指经济的组织形式或经营管理方式的革新。该学派利用一般静态均衡和比较静态均衡对技术创新环境进行制度分析后，认为经济增长的关键是制定一种能对企业提供有效刺激的制度，该制度能够确立支配一定资源的机制，使每一活动的社会收益和个人收益几乎相等；产权的界定和变化是制度变化的主要动因，新技术的发展必须建立一个系统的产权制度，以便提高创新的个人收益；一个社会的所有权体系应当明确规定和有效保护每个人的专有权，尽可能降低革新的不确定性，使发明者的活动得到最高的个人收益，从而促进经济增长。总之，制度创新理论深入研究了制度安排对国家经济增长的影响，发展了熊彼特的制度创新思想。此外，制度创新理论忽视了市场规模扩大和技术进步本身是制度的函数，其是在"经济人"假设的前提下展开的，所提出的市场规模的变化、生产技术的发展和预期收益的变化三要素是一个重要的隐含假定。

科技创新的国家创新系统学派以英国学者克里斯托夫·弗里曼、美国学者理查德·纳尔逊等为代表，他们认为科技创新是由国家创新系统推动的，而不是企业的孤立行为。在国家创新系统中，企业和其他组织等创新主体通过国家制度的安排及相互作用，推动技术的创新、引进、扩散和应用等，使整个国家获得更好的创新绩效。20世纪80年代，弗里曼分析了日本政府在推动科技创新中的重要作用，即一个国家要实现经济的跨越式发展，必须将科技创新与政府职能联合起来，形成国家创新系统。纳尔逊研究了美国支持技术进步的一般制度结构，他认为科学和技术的发展过程中充满不确定性，因此国家创新系统中的制度安排应当具有弹性，发展战略应该具有适应性和灵活性。国家创新系统理论使人们认识到国家创新体系在优化创新资源配置上的指导作用，可以更好地引导政府通过制订计划和颁布政策，来引导和激励企业、科研院所、大学和中介组织相互作用、相互协作，加快科技知识的生产、传播、扩散和应用。

中国对科技创新的重视程度逐年增强。改革开放以来，中国的科技创新政策呈现出阶段性特征，与中国的渐进式改革相适应，大体划分为五个阶段：

一是科技创新恢复期（1978～1985 年），标志性事件是 1978 年全国科学大会的召开，邓小平在会上关于"科学技术是第一生产力"的论断，成为新时期科学技术发展战略制定的基本理论基础，标志着中国进入了科技创新恢复期。这个时期，中国的科学技术发展和创新活动开始重新起步，通过科学技术创新振兴国民经济已经成为基本共识，一系列科学计划的实施使中国在一定程度上恢复了原有新中国成立后的科技体系及工业技术创新活动。

二是科创体制改革启动期（1985～1995 年），标志性事件是 1985 年中国政府提出的《中共中央关于科学技术体制改革的决定》。在这一时期，国家科技发展的方针是"面向"和"依靠"，即经济建设要依靠科学技术，科学技术要面向经济建设。为解决上一时期产生的创新活力不足、科技创新成果转化效率低下等问题，通过一系列体制机制的改革，开始打破旧有的计划经济体制，推动着科技创新与市场机制的结合，并且引入了科学技术的竞争机制，倒逼科研人员提高积极性和创新精神，解决了科研机构活力低下的问题，对科技系统的分化和科技型创新企业的萌芽等方面产生了深远影响。

三是科技企业快速发展期（1995～2006 年），标志性事件是"科教兴国"上升为国家战略。这一时期创新政策的亮点之一就是提出了以企业为创新主体的方针，科技政策、金融政策、产业政策、财政政策以及税收政策等政策体系，共同推进科技创新的发展。政府各部门纷纷出台了相关政策，加强企业和科研机构的创新动力，在国家大量政策利益的引导下，整个国家的创新氛围得到大大增强。

四是创新型国家基础建设期（2006～2014 年），标志性事件是 2006 年胡锦涛在全国科学技术大会提出"自主创新，建设创新型国家"的战略目标，发布了《国家中长期科学和技术发展规划纲要（2006～2020 年）》，依据自主创新、重点跨越、支撑发展、引领未来的指导方针，提高国家自主创新能力、基础科学和前沿技术研究综合实力，增强科技促进经济社会发展和保障国家安全的能力，推动全面建设小康社会目标的实现。

五是中国进入"大众创业、万众创新"的双创时期（2014 年以来），标志性事件有两个：第一，2014 年 6 月，习近平在中国科学院、中国工程院两院院士大会上发表了关于"加快从要素驱动、投资规模驱动发展为主向以创新驱动发展为主的转变"的讲话；第二，李克强在 2014 年夏季达沃斯论坛开幕式上发表讲话时指出，要借改革创新的"东风"，在 960 万平方公里土地上掀起一个"大众创业"、"草根创业"的新浪潮，中国人民勤劳智慧的"自然禀赋"就会充分发挥，中国经济持续发展的"发动机"就会更新换代升级。这两次讲话拉开了中国双创时代的序幕，这一时期强调创新创业的主体是万千"草根"，重点是要坚持市场导向、加强政策集成、强化开放共享、创新服务模式。

　　未来的很长一段时期，世界经济依然处于复苏期，在国际竞争新格局中，在经济全球化与局部贸易保护主义交织的背景下，发达国家利用自身的技术和资本优势依然保持领先地位，用技术控制市场和资源，形成了对世界市场特别是高技术市场的高度垄断，知识产权、技术标准成为制约发展中国家发展进程的不确定因素。"十三五"期间，中国经济处于改革攻坚期、风险叠加期、发展转型期，有很多难题需要破解。尤其是随着中国参与国际竞争的深度和广度不断增加，发达国家对中国的技术封锁加剧，中国科技战略主动权不够，产业创新能力不强，核心技术受制于人，知识产权、技术标准成为巨大障碍等问题浮出水面。因此，我们必须强化自主创新能力，集中优势力量突破影响国家竞争力的关键技术，开发具有自主知识产权的核心技术，举万众创新之力驱动国家的新一轮发展，聚万众创新之智抢占国际竞争的战略制高点。

上海大学党委副书记、副校长

上海大学智库产业研究中心主任

2016.10.18

前　言

　　随着陆域资源日渐枯竭、环境和人口压力增大，海洋资源的开发受到广泛关注。海洋经济的飞速发展加速了海陆产业的互动关联，单一的海陆资源开发模式对经济发展的限制较大，海陆经济一体化已经成为海洋经济发展的新趋势。海陆经济一体化作为沿海地区经济全面协调可持续发展的关键抓手，成为振兴国民经济的重要战略部署，其地位不断提升。随着海洋经济的发展、"海洋强国"战略的实施，海陆经济一体化的研究逐渐为学界所关注。然而，海陆经济一体化发展研究一直较为薄弱，目前处于现象描述和发展目标的应用研究阶段，海陆经济一体化的内涵、动力机制，尤其是测度和驱动机理缺乏系统性研究成果，使得国家制定相关政策时缺乏理论依据。因此，研究中国海陆经济一体化发展，对于海陆经济一体化理论发展、海洋政策的制定和海陆经济的实践等方面均具有重要意义。

　　海陆经济一体化既是发展过程，也是发展目标和状态，即根据海陆内在联系，运用系统论和协同论的思想，通过统一规划、联动开发、产业链的组接和综合管理，把本来相对孤立的海陆经济系统整合为一个新的统一整体，实现海陆生产要素资源优化配置。全书围绕海陆经济一体化发展这一核心问题展开，分为文献研究、理论研究、实证研究和政策研究四大部分，梳理了国内外海陆经济一体化的研究进展，分析海陆经济一体化的理论基础及动力机制，分别运用耦合模型、哈肯模型对中国海陆经济一体化发展及其驱动机理进行实证研究，提出中国海陆经济一体化发展的政策建议。全书的核心内容具体体现在以下五方面：

　　第一，在系统梳理国内外关于海陆经济一体化内涵、动力机制、实证研究、测度研究等的基础上，对海陆经济一体化内涵、空间边界进行界定，借鉴系统论构建海陆经济一体化系统；研究海陆经济一体化的自组织理论框架下的耗散结构、协同学和自组织演化的特征和规律；运用产业关联理论分析海陆产业系统的关联，为后续研究奠定理论基础。

　　第二，剖析海陆经济一体化形成的根本动因：海陆产业系统的关联性和差异

· 1 ·

性。海陆产业系统的关联性表现在：海陆生产要素的共有性和流动性、海陆产业间的关联对应关系、海陆产业系统的互依共存关系；海陆产业系统的差异性主要表现在承载空间、结构演化方面，差异性带来了海洋产业系统间由海向陆的资源禀赋和发展空间的势能差、由陆向海的发展阶段和经济基础的势能差，同时，也可以说海陆经济一体化的形成是经济效益最大化的驱动。

第三，在研究中国海陆经济发展现状及问题的基础上，从产业关联、要素流动双重视角构建了基于系统耦合、全要素耦合的海陆经济一体化测度体系，利用耦合度模型和耦合协调度模型测度海陆产业系统基于产业规模、产业结构、经济效率、发展潜力的耦合协调状况，首次构建基于全要素耦合的海陆经济一体化测度体系。不同时空尺度下，海陆经济一体化具有不同变化和差异，本书实证研究发现中国海陆产业要素耦合可以分为 2003~2006 年的波动上升和 2006~2012 年的波动下降两个阶段，海陆经济一体化程度中等且进程较为缓慢。聚类分析结果显示：上海、广东和山东处于磨合阶段，可以作为先行示范区；辽宁、江苏、浙江、海南、天津、福建处于拮抗阶段，可以作为重点核心区；河北和广西处于低水平耦合阶段，可以作为后发优势区。

第四，运用协同学哈肯模型分析中国海陆经济一体化的驱动机理，结果显示，驱动因素具有随发展阶段变化的机理特征。2003~2006 年，海陆经济相互依赖度是中国海陆经济一体化演化的序参量。此阶段海陆资源共享度对海陆经济相互依赖度有消极影响，而海陆经济相互依赖度对海陆资源共享度有积极影响，海洋经济快速发展，促进了海陆经济一体化程度的提高。2007~2012 年，海陆资源共享度是中国海陆经济一体化演化的序参量，海陆经济相互依赖度和海陆资源共享度均对彼此有消极影响，海陆经济一体化系统内部海陆经济相互依赖度、海陆资源共享度增强的正反馈机制均未形成，片面追求海洋资源开发，不利于海陆生产要素效率的提高，而海陆生产要素效率得不到提高，会反过来作用海陆经济相互依赖度的提高，造成海陆经济一体化波动下降。这一阶段中国海洋经济发展的一系列问题、海陆关系的恶化也证实了这一规律。

第五，根据中国海陆经济一体化发展及其驱动机理的研究结果，提出实施差异化的海陆经济一体化发展策略、促进生产要素的海陆自由流动、加强海陆资源开发统一规划协调等促进海陆经济一体化的政策建议。

目　　录

第一章　绪论 ……………………………………………………… 1

　第一节　选题背景与研究意义 …………………………………… 1

　　一、选题背景 …………………………………………………… 1

　　二、研究意义 …………………………………………………… 2

　第二节　国内外相关研究评述 …………………………………… 5

　　一、国外海陆经济一体化研究述评 …………………………… 5

　　二、国内海陆经济一体化研究述评 …………………………… 9

　　三、本书研究重点与方向 ……………………………………… 17

　第三节　研究思路与研究方法 …………………………………… 18

　　一、研究思路 …………………………………………………… 18

　　二、研究方法 …………………………………………………… 19

　第四节　研究内容与可能创新 …………………………………… 20

　　一、研究内容 …………………………………………………… 20

　　二、可能创新 …………………………………………………… 22

　第五节　本章小结 ………………………………………………… 24

第二章　海陆经济一体化的理论基础 …………………………… 25

　第一节　海陆产业的研究范畴 …………………………………… 25

　　一、海洋经济与海洋产业 ……………………………………… 25

　　二、海陆产业的分类 …………………………………………… 27

　第二节　海陆经济一体化的内涵 ………………………………… 29

　　一、海陆经济一体化相关理念演化 …………………………… 29

　　二、海陆经济一体化的概念内涵 ……………………………… 32

　　三、海陆经济一体化的空间边界 ……………………………… 38

第三节 海陆经济一体化相关理论 ……………………………… 40
  一、系统论 ………………………………………………… 40
  二、二元经济结构理论 …………………………………… 42
  三、自组织理论 …………………………………………… 45
  四、产业关联理论 ………………………………………… 49
第四节 本章小结 …………………………………………… 52

第三章 海陆经济一体化的动力机制 ……………………… 53
第一节 海陆产业系统的关联性 ……………………………… 53
  一、海陆生产要素具有共性和流动性 …………………… 54
  二、海陆产业之间具有关联对应关系 …………………… 55
  三、海陆产业系统具有互依共存关系 …………………… 58
第二节 海陆产业系统的差异性 ……………………………… 59
  一、承载空间的差异 ……………………………………… 59
  二、结构演化的差异 ……………………………………… 60
第三节 海陆产业系统间的势能差 …………………………… 61
  一、由海向陆的能量梯度 ………………………………… 61
  二、由陆向海的能量梯度 ………………………………… 62
第四节 经济效益最大化的驱动 ……………………………… 63
  一、节省交易成本 ………………………………………… 63
  二、负外部性内部化 ……………………………………… 64
  三、经济模型的解释 ……………………………………… 65
第五节 本章小结 …………………………………………… 66

第四章 中国海陆经济发展现状及问题研究 ……………… 68
第一节 中国陆域经济发展现状 ……………………………… 68
  一、中国整体经济发展现状 ……………………………… 68
  二、沿海 11 个省（市、区）经济发展现状 …………… 69
第二节 中国海洋经济发展现状、制约因素及趋势 ………… 70
  一、海洋经济发展的现状 ………………………………… 70
  二、海洋经济发展中存在的制约因素 …………………… 76
  三、海洋经济发展战略趋势 ……………………………… 80
第三节 海洋经济发展中存在的问题 ………………………… 85
  一、海洋产业结构中存在的问题 ………………………… 85

二、海洋产业布局中存在的问题 …………………………… 88
三、海洋经济发展规划中存在的问题 ……………………… 92
第四节　本章小结 …………………………………………… 97

第五章　中国海陆产业系统耦合发展研究 …………………… 99
第一节　模型方法的选择 …………………………………… 100
第二节　海陆产业系统耦合模型构建 ……………………… 103
一、原始数据标准化处理 ………………………………… 103
二、熵值赋权法确定指标权重 …………………………… 103
三、耦合度模型 …………………………………………… 104
四、耦合协调度模型 ……………………………………… 105
第三节　海陆产业系统耦合评价指标体系 ………………… 106
第四节　中国海陆产业系统耦合的实证研究 ……………… 108
一、时序变化分析 ………………………………………… 109
二、空间差异分析 ………………………………………… 111
第五节　本章小结 …………………………………………… 114

第六章　中国海陆产业要素耦合发展研究 …………………… 116
第一节　海陆产业系统间要素的流动 ……………………… 116
一、资源的流动 …………………………………………… 117
二、资金的循环 …………………………………………… 118
三、技术的传播 …………………………………………… 119
四、劳动力转移 …………………………………………… 121
第二节　海陆产业要素耦合发展的测度体系 ……………… 122
一、海洋资源要素 ………………………………………… 122
二、陆域资本要素 ………………………………………… 122
三、陆域技术要素 ………………………………………… 124
四、陆域劳动力要素 ……………………………………… 124
第三节　中国海陆产业要素耦合的实证研究 ……………… 125
一、时序变化分析 ………………………………………… 126
二、空间差异分析 ………………………………………… 129
第四节　中国海陆经济一体化发展的空间聚类分析 ……… 130
第五节　本章小结 …………………………………………… 133

第七章　中国海陆经济一体化发展的驱动机理 ······················· 134

　第一节　哈肯模型 ··· 134

　　一、绝热近似原理 ·· 135

　　二、序参量演化方程 ·· 135

　　三、势函数 ··· 136

　第二节　变量选取与数据测算 ··· 137

　　一、变量选取 ··· 137

　　二、数据测算 ··· 138

　第三节　中国海陆经济一体化驱动机理实证研究 ····························· 142

　　一、2003～2006 年中国海陆经济一体化驱动机理 ························· 142

　　二、2007～2012 年中国海陆经济一体化驱动机理 ························· 144

　　三、实证结论 ··· 145

　第四节　本章小结 ··· 147

第八章　全书总结与政策建议 ··· 149

　第一节　主要研究结论 ·· 149

　第二节　政策建议 ··· 151

　　一、实施差异化的海陆经济一体化发展策略 ······························· 151

　　二、促进生产要素海陆自由流动 ··· 152

　　三、加强海陆资源开发的统一规划 ······································· 153

　第三节　研究局限与展望 ·· 154

　　一、研究数据存在时间序列和统一标准的局限 ··························· 154

　　二、研究的空间边界存在一定的地域局限性 ····························· 155

参考文献 ··· 156

后　记 ··· 168

第一章　绪　论

第一节　选题背景与研究意义

一、选题背景

随着世界经济、科技发展水平的不断提高，人类对陆域资源的长期过度开发，造成了资源枯竭、能源危机、环境恶性，生态环境问题频发，陆域资源、能源、空间的压力日益加剧。长期以来"重陆轻海"、仅仅依靠陆地的发展模式使得全球面临的发展空间明显不足。与此同时，占全球面积71%的蓝色国土海洋，却长期处于低层次开发和未开发的状态，因此，开发利用海洋空间和资源，大力发展海洋经济，成为世界沿海地区和国家发展的新趋势。

从国际看，海洋是全球人类生存和发展最后的资源宝库空间，经济发展的重心已经逐渐转向空间广袤、资源能源丰富的海洋，越来越多的沿海国家将海洋开发纳入国家竞争战略，作为增强综合国力的制高点，全球大规模的海洋开发成为国际竞争的主要内容且日趋激烈。目前，全球沿海地区和国家都对海洋经济发展给予了高度重视，将长期发展战略定位在建设海洋强国上。随着经济全球化的发展，国际产业分工和转移不断深化，科技创新带来的新技术不断促进海洋经济结构转型升级。国内外海洋经济发展的经验研究发现，单纯的海洋资源开发，对国民经济的贡献有限，海洋资源优势只有在与陆域经济的联动发展中才能得到充分发挥，只有跳出海洋发展海洋，充分调动海陆两个巨系统产生"1+1>2"的能量，才能产生最佳的经济社会效益，实现资源的最优化配置。海陆经济一体化逐渐成为全球海陆经济发展的必然选择。

从国内看，中国明确并不断推进海洋强国战略，海陆经济一体化发展趋势越

来越明显。国务院 2008 年制定的《国家海洋事业发展规划纲要》明确提出建设
"海洋强国";《中华人民共和国国民经济和社会发展第十二个五年规划纲要》明
确提出"推进海洋经济发展","坚持海陆统筹,制定和实施海洋发展战略,提
高海洋开发、控制、综合管理能力";2012 年中共十八大报告提出建设"海洋强
国"战略,中国从偏重陆地走向海陆兼顾,逐步推进"由陆及海—由海及陆—
海陆统筹"的宏观发展战略;2013 年习近平提出建设"丝绸之路经济带"和
"海上丝绸之路","一带一路"展现出中国统筹海陆、实现海陆经济一体化的战
略思想。中国各沿海省(市、区)在"海洋强国"战略的号召下,不断制定海
洋战略,强调海陆经济联动、海陆经济一体化发展;浙江省 2005 年提出"推进
陆海联动新突破,实现海洋经济新发展"的战略;山东省 2007 年明确提高海洋
经济的质量和效益,构建海陆经济一体化的发展模式。

改革开放以来,中国海洋经济实现了较为快速的发展。1979 年中国海洋产
业总产值仅为 64 亿元,2003 年就超过 1 万亿元,2007 年接近 2.5 万亿元,2012
年更是突破 5 万亿元,占到国内生产总值的 9.6%,对国民经济的贡献度越来越
大。2012 年中国海洋经济增长 7.9%,高于同期 GDP 增速,海洋经济成为拉动
中国国民经济发展的有力引擎,成为中国经济发展的新增长点。虽然中国海洋经
济发展较快,但从全球海洋产业的价值链角度看,中国依然在价值链的低端,处
于加工、制造环节,附加值和技术含量都很低,发展过程中存在着产业结构和空
间布局不合理,海洋高科技、战略性新兴产业比重低,局部过度开发与部分开发
不足并存,海洋综合协调机制不健全,海洋环境污染加剧等问题,严重阻碍了海
洋经济的进一步发展。海洋经济发展空间的拓展,需要"跳出海洋发展海洋",
在海陆经济一体化中寻找出路。

作为 21 世纪海洋开发的新阶段,全面发展海洋经济,提高海洋资源的开发
利用成为当前的重点,海陆经济一体化伴随着陆域资源能源短缺、人口压力增
大、生态环境条件恶化、海洋资源能源价值发现、海洋经济地位提升和海洋科技
进步等诞生,并逐渐成为经济发展的必然选择。当前海洋经济蓬勃发展,正处于
加快海洋经济发展方式转变的重要阶段,国内外的形势对于推进海陆经济一体化
发展提供了难得的机遇。

二、研究意义

(一)理论意义

尽管发达国家早在 20 世纪 50 年代就将国家战略重心转移到海洋,但是由于
海陆经济一体化的理论研究落后于海洋经济发展实践,加上对于海陆经济一体化
的研究重视程度不够,研究中存在着重应用轻理论的现象,结果导致目前理论研

究滞后和不足、范畴概念不够清晰、理论体系不够健全等问题，整体来看，目前关于海陆经济一体化的理论研究尚处于起步阶段，对海陆经济一体化测度及其驱动机理的研究是研究的薄弱环节，目前处于现象描述和发展目标的应用研究阶段，对海陆经济一体化的内涵、动力机制，尤其是海陆经济一体化的测度及其驱动机理等缺乏系统性研究成果。

从当前研究现状来看，研究成果具有以下特点：①空间上，主要集中在近海、浅海或海岸带地区，缺乏区域统筹的考虑，研究的广度和深度都受到限定；②内容上，主要集中在传统海洋产业，对于新兴产业的研究较为缺乏，忽略了海洋系统内部、海陆产业间的关联性和复杂性，对海洋经济一体化的本质、动力机制，尤其是驱动机理的研究较少；③研究方法上，以定性分析为主，多基于地区实证分析，从某个角度研究某个地区的现实问题，定量分析较少且方法单一；④动静态分析上，静态问题表象的描述性分析较多，动态机理特征的研究较少。整体来看，海陆经济一体化理论研究和实证分析的广度和深度均需扩展，研究应重点关注理论研究、动力机制、定量评价和驱动机理等方面，海陆经济一体化发展及其驱动机理的研究具有重要意义。

（二）现实意义

陆域经济的压力迫切需要扩展空间，海洋经济的发展离不开陆域的支撑，研究海陆经济一体化及其驱动机理对于海陆经济发展具有重要现实意义。长期以来受“重陆轻海”观念的影响，陆地的开发程度普遍较高，开发过程中积累了较为丰富的经验，集中了大量资金、劳动力、技术、信息等，这些要素为海洋经济的发展奠定了基础。此外，海洋经济具有依附于陆域这一承载空间的特点，虽然海洋经济的资源来自海洋，但其开发利用、转化为生产的过程以及其他相关活动大部分必须在陆上完成，陆域是海洋经济发展的空间载体，是陆域经济向海洋的扩展和深化，是陆域资本、技术、劳动力等向海洋的延伸，随着海洋经济发展程度的提高，海陆间资源互补、产业互动、经济互联等的程度将越来越强，最终海陆产业系统将实现一体化发展。

海陆交互作用的地带作为海陆经济一体化的空间载体是人类最主要的集中区，研究海陆经济一体化发展对全球经济实践具有重要现实意义。全球范围内，人口、资金以及经济活动在资源丰富、环境优美的海陆交互作用地带集中的趋势越来越明显，尤其是20世纪后期随着城市化进程的加快，全球约有2/3的人口聚居在80千米宽的沿海地区，其中大约一半的人口居住在距离海洋60千米宽的狭长地带。中国目前开放的14个沿海港口城市以及4个经济特区都集中在沿海，在沿海地区200千米的范围内，占据了不到30%的陆域国土，却承载了40%的全国人口、50%的全国大城市、70%的GDP、80%的外来生产投资和90%的产品出口，沿海地区已成为中国经济社会高速发展地带、中国城市化高速发展地带、中国高度工业化地带、中国城乡居民消费最活跃地带。

从全球化视角看，人类活动导致海陆关系不断恶化，而海陆经济一体化有助于缓解海陆关系恶化，因此研究海陆经济一体化发展对于构建良好的海陆关系具有重要的现实意义。海洋为人类做出了巨大贡献，其生态环境、资源却受到了人类活动的严重威胁，海陆关系持续恶化。工业经济发展和人口膨胀的压力使陆源污染物大量入海，海洋海水赤潮等灾害频繁发生，生态环境污染加重，渔业资源严重衰退；海陆关系的恶化也进一步威胁到沿海地区的生态环境，海平面上升导致滨海地区海水入侵、土壤盐碱化、土地退化等问题。通过海陆经济一体化的方式，能够很好地进行海陆经济一体化的安排，缓解海陆关系恶化。

海陆经济一体化是海洋经济发展的新思维，也是解决沿海地区海陆经济发展和环境矛盾的一个有效措施，研究海陆经济一体化发展对于中国海陆经济实践具有重要现实意义。20世纪80年代以来，中国海洋经济快速发展，沿海和内陆经济联系日益密切，沿海省（市、区）纷纷选择了海陆经济一体化的发展道路，如山东省的"海上山东"、辽宁省的"海上辽宁"以及海南省的"以海兴岛"、"海洋大省"等，均取得了显著成效。随着陆域发展空间和资源环境问题突出、海洋在区域经济中带动作用突出，沿海省（市、区）调整了原有的强调开发利用海洋资源的海洋经济发展策略，注重海陆经济联动效应，"海陆统筹"、"海陆一体化"、"海陆联动"成为沿海地区区域发展的新思路。浙江省在2005年提出"推进陆海联动新突破，实现海洋经济新发展"的发展战略，力求在陆海的产业联动发展、生产力联动布局、基础设施联动建设、"科技兴海"战略联动实施、污染联动治理、体制和机制联动创新六大方面实现突破；辽宁省推进"五点一线"沿海经济带建设，构建"两极、三轴、一面"区域经济发展战略新框架，从"点、带、轴、面"制定区域发展规划，加快海陆经济一体化发展。

海洋经济是陆域经济向海洋的拓展和延伸，海洋产业与陆域产业同属于一个完整的产业价值链的不同环节。然而，海陆产业系统之间互动机制不成熟，既制约着海洋经济的进一步发展，也未能有效促进陆域经济的增长。本书研究的重点就是将海洋产业系统和陆域产业系统作为一个整体，从海陆产业关联的本质研究海陆经济一体化，构建基于系统耦合、全要素耦合的海陆经济一体化测度体系，并深入挖掘背后的原因，研究其驱动机理，以中国为例进行实证分析，对于中国海洋产业转型升级和空间优化，实现沿海地区经济持续、快速、稳定、健康发展具有重要的意义。

第二节　国内外相关研究评述

随着世界各国的战略重点转向海洋，海陆经济一体化逐步为国内外学者所关注，他们从不同视角进行了相关研究。海陆经济一体化这一概念最早由国内学者提出，国外较少直接研究这一问题，相关研究成果主要集中在海岸带地区的管理，国内外对海陆经济一体化的研究，同海陆统筹、海陆关联等概念混在一起，强调它是海陆经济的一种发展手段和趋势。关于"陆海经济一体化"或者"海陆经济一体化"，国内外虽然提出了相关概念，也进行了相关研究，但是大多数研究较为分散和凌乱，本节梳理了国内外关于海陆经济一体化的相关研究成果，并进行简要评述，既可为本书的后续研究做好理论铺垫，又可为本书的创新提供理论依据。

一、国外海陆经济一体化研究述评

国外对海陆经济一体化的研究主要集中在海陆经济交互地带——海岸带地区的管理、海洋经济对陆域经济的影响、海陆经济产业政策等方面。海岸带综合管理的研究形成于 20 世纪 70 年代初期，目前已经发展成为海洋经济研究中较为成熟和完善的研究内容。由于海岸带资源的共有性，其开发利用是相互联系的，在遇到矛盾和问题的时候，仅仅依靠单个行业的单项管理是不能很好地解决矛盾和问题的，需要部门协作和协调的综合管理理念来开发、利用和管理好海岸带地区。因此，国外多个国家倡导的"海岸带综合管理"，其核心和实质就是海陆经济一体化的管理理念，是海陆经济一体化思想在海洋行政管理上的应用。

海岸带综合管理与海陆经济一体化存在着许多相通之处，比如两者均具有战略目标为海洋和海岸带地区的可持续发展、适用范围是海陆管理机构的一体化、实施手段多样化等特征，同时，国外海岸带综合管理的理论起步较早，发展也比较成熟，其理论对于海陆经济一体化研究具有重要的参考意义，但国外的海岸带综合管理并不等同于海陆经济一体化，对两者层级的认识不同，海陆经济一体化强调综合考虑海陆两大产业系统的经济功能，发挥海陆产业系统一体化的优势，而海岸带综合管理强调解决海岸带经济、社会等方面矛盾的综合管理和规划。

（一）海岸带是海陆经济一体化的空间载体

海岸带作为海陆综合作用的地带，是海陆经济一体化在空间上的集中体现，法国三位学者 Philippe Deboudt、Jean‐Claude Dauvin、Olivier Lozachmeur 认为，海岸带综合管理研究中包含的最重要的组成部分就是海陆一体化（Land – Sea Integration）。

海岸带地处海洋和陆地的过渡地段，既有一定的海域，又有一定的陆域，由于海岸带资源丰富，用途、功能存在多样性，各利益相关者在海岸带开发利用过程中不断出现冲突，导致海岸带地区出现污染、生态失衡、生物多样性减少等各种问题。为了减轻和遏制海岸带开发过程中出现的各种问题，世界各国投入大量人力、物力、财力对海岸带问题进行多方位研究，形成了众多的海岸带综合管理研究成果。

海岸带综合管理形成于 20 世纪 70 年代初期，一些发达国家最早开始实施，也叫"海岸带资源管理"。关于海岸带综合管理的概念，Cicin – Sain（1993）认为，是制定政策和关联战略，控制人类经济社会活动对海岸带地区环境影响，合理进行海岸带地区经济、社会、环境和资源分配的持续、动态的管理过程；Cicin – Sain 关于海岸带综合管理的著名著作——《海岸带综合管理：内容和实践》（Integrated Coastal and Ocean Management：Concepts And Practices）一书中，将海岸带综合管理看作是为解决海岸带资源开发与利用的矛盾问题，减轻人类活动对海岸带的影响，不断制定政策及管理决策的持续、动态的过程。世界银行在 2002 年指出，海岸带综合管理是为了确保海岸带地区发展与管理目标、相关规划发展目标、社会环境要求等相一致，是一种法律、制度框架约束下的管理程序；McCleave 等认为，海岸带综合管理主要是利益相关主体对海岸带资源开发利用、生态环境保护等问题进行讨论，并制定相关政策措施的决策过程。

目前，关于海岸带综合管理国际上并无一种被普遍接受的定义，但毫无疑问，海岸带综合管理是海岸带开发、管理与保护等过程中，综合运用各种方法、手段，协调海岸带的各类相关活动的理论和实践。因此，海岸带综合管理较多是基于社会、自然以及环境等要素，对海岸带地区进行规划和管理的过程，而海陆经济一体化是从海陆经济协调发展出发，以期实现沿海与内陆优势互补、资源最优化的共同发展。

20 世纪 30 年代，美国最早提出海岸带综合管理，随后越来越多沿海国家开始注重对这一问题的研究，尤其是 70 年代以来，许多国家和地区都将海岸带作为一个特定的区域，制定专门法律、法规和规划，甚至组建管理机构，对海岸带实施综合管理。

美国由于起步早、发展快，在海岸带综合管理方面最具代表性。1960 年之前，美国的海岸带问题仅停留在学术研究阶段，第一部《海岸带管理法》于 20 世纪 70 年代颁布之后，美国海岸带综合管理逐渐成为国家实践。《海岸带管理法》是世界上第一部有关海洋管理的法律，为优化海洋和陆域产业培植提供了依据。随后，美国于1973年设立了海岸带管理机构——联邦海岸带办公室，开始进行海岸带管理规划。美国的海岸带综合管理的一大特点就是从联邦到地方分级制定海岸带管理法，各州议会颁布自己的海岸带管理法，确立联邦和州政府的海岸带管理机构，批准各自的海岸带管理规划。通过这种方式，美国联邦和各州政府明确了自身的管理范围及权限，保证了各自职权范围内管理的高效，使美国的海岸带综合管理在全球最具代表性。通过对美国十几个沿海城市及地区的沿海资源利用与管理情况进行详细比较，发现沿海区域规划应该囊括在海岸带综合管理中，通过海岸带管理行为，联邦特别区域引导计划能够加强沿海区域规划。美国迈阿密大学的Daniel Suman教授对美国和欧盟沿海经济带的情况进行了对比研究，取得了突破性的进展，指出了沿海区域管理存在的问题。

欧盟的海岸带综合管理自1996年实施以来，大致可以划分为三个阶段：一是萌芽孕育和示范阶段（1996~1999年），通过实施海岸带综合管理ICZM示范计划，启动6个区域主题研究以及35个示范管理项目，这些项目主要对海岸带综合管理的运作、合作的程序及效果进行研究。二是认可与实施阶段（2000~2007年），通过启动海岸带管理建议实施项目，对两套指标体系（海岸带可持续性、海岸带综合管理进展状况）进行评估，将海岸带综合管理的实施划分为四个阶段，包括在海岸带地区进行规划和管理，推进海岸带综合管理向前的框架，应用海岸带综合管理的许多管理去规划和管理海岸带，将其中运行良好、效果显著、比较适合和较为整体的过程注入层次不同的管治之中。三是研究期的发展完善阶段（2008年至今），欧盟委员会通过了对"海岸带综合管理巴塞罗那会议议定书"的核准，制定了全球第一部有关海岸带综合管理的议定书；欧盟环境董事会通过启动"我们的海岸带"（Our Coast）这一项目，希望产生海岸带规划管理良好的发展经验和最佳实践。法国的沿海经济区三个不同时间阶段的资源利用和管理情况也呈现出与欧盟整体类似的三个发展阶段，这三个时间段分别为1973~1991年、1992~2000年以及2000~2007年。

随着学者对海岸带综合管理研究的逐步深入和全球实践的丰富，对海岸带综合管理形成了较为清晰统一的认识：海岸带综合管理作为一种政府行为，是运用综合的方法和观点对海岸带地区资源开发、生态环境保护进行动态管理的过程。海岸带综合管理目前已经成为海洋经济中较为成熟的学科，由于是对海洋和陆域的过渡地段——海岸带的综合管理，其理论蕴含着海陆经济一体化思想，对研究海陆经济一体化具有极大的借鉴意义。

（二）海洋经济对陆域经济的影响

目前，国外对海洋经济对陆域经济影响的研究较多集中在海洋产业结构、海洋经济对国家、地区经济的影响等方面。许多学者研究了海洋经济及其产业部门，如 Morrissey K. （2012）通过提供一种分析方法对爱尔兰的海洋产业部门进行了界定、描述和量化分析。目前，国外关于海洋经济对地区经济的影响效应方面的研究可以分为定性和定量两个方面。

国外学者通过定性分析交通港口、船舶制造业、产业集群、海洋创新活动等活动，研究海洋对区域经济的影响效应。如 Taaffe E. J. （1963）认为，交通港口在不发达国家中对区域经济具有重要影响；C. Shi 和 S. M. Hutchinson 等 （2001）通过对中国长江入海口地区的分析，归纳了对海岸线地区经济发展造成影响的主要因素；Kyoung－ho P. （2009）研究了韩国船舶制造业在国民经济中扮演的角色和地位，分析了韩国船舶制造业对国民经济的影响；Yamawaki H. （2002）研究了日本产业集群的结构和演化，以沿海产业集群为例，研究产业集群是如何形成的以及大企业和小企业在产业集群形成和发展过程中分别扮演的不同角色、获得的不同收益；Doloreux D. 和 Shearmur R. （2009）分析认为，加拿大海洋产业集群的驱动力和发展过程不同，并研究了集群政策在促进海洋产业集群竞争力中扮演的角色以及关键机构和区域障碍对海洋产业发展的影响。此外，还有一些学者讨论了海洋产业创新活动的本质，认为这些活动受企业规模大小、知识密集度、在集群中的地位等的影响。

国外对海洋经济对于国家经济、陆域经济的影响程度这一问题的定量分析，最常用的研究方法是投入产出分析法，最初学者只是注意到了海洋经济对国民经济的直接效应，后来逐渐开始关注间接效应、关联效应等。美国学者 Rorholm 通过投入产出分析测度了 13 个海洋产业部门对于新英格兰经济发展的影响程度。在此之后，世界各国开展了大量关于海洋经济的相关研究。Kwak S. 等 （2005）认为，内外环境的变化以及海洋技术的快速发展，需要调整海洋产业发展政策，他们通过投入产出分析，研究了 1975～1998 年韩国海洋产业在国民经济中扮演的角色，认为海洋产业同 32 个产业部门存在关联效应；澳大利亚为了制定国家海洋政策，委托 Allen 公司进行了海洋产业对国民经济贡献的相关研究；Dyck A. J. 和 Sumaila U. R. （2010）研究全球渔场中海洋鱼类种群对经济的影响，通过建立投入产出分析模型，测算出了海洋渔业的产量，测度了海洋船舶、海洋交通运输业等对经济的影响程度；Morrissey K. 和 O. Donoghue C. （2012）运用投入产出分析法研究了爱尔兰海洋经济对国民经济的影响，并且试图量化海洋部门的产业关联效应、产出效应以及就业效应。此外，还有学者关注沿海城市的海陆经济的可持续发展问题，从经济发展、环境平衡、共同管理等方面进行相关研究。

（三）国外相关研究评述

通过梳理国外研究成果发现，国外关于海陆经济一体化的研究，主要具有以下三方面特点：

（1）从研究内容来看，主要集中在海岸带资源环境的保护与可持续发展、海岸带综合管理以及海洋经济对陆域经济、地区经济的影响等方面，研究主要从海岸带生态环境问题和合理开发利用展开，通过制定各种政策、法规和措施，提高海岸带开发利用效率和可持续发展水平，提升海洋经济的影响效应，对于海洋产业系统、陆域产业系统内部关系以及海陆产业关联等方面的研究较薄弱。研究海洋经济对区域经济的影响，主要侧重影响效应的分析，很少关注海陆产业关联导致的海洋经济对地区经济的影响，几乎没有从海陆产业关联的角度对海洋经济的影响效应的研究。

（2）从研究区域来看，主要限定在浅海、近海的海陆经济一体化主要的空间载体——海岸带地区，对于沿海地区内部的海陆经济一体化、与海洋经济有较强关联作用的腹地地区的研究较少。

（3）从研究方法来看，以定性分析为主，定量研究的成果较少。研究成果主要从海岸带地区的资源环境问题出发，偏重对现象的应用和对实践的定性分析，定量分析的方法也较为单一，主要采用投入产出分析法进行了相关研究。

二、国内海陆经济一体化研究述评

海陆经济一体化是20世纪90年代国内编制海洋开发保护规划时提出的原则之一，由于提出的时间较晚，对其的系统研究较少，加上学者的认识和理解存在差异，目前关于其概念、关键问题仍未达成统一的认识。目前的研究可以分为海陆经济一体化的内涵、动力机制、特定地区实证研究、测度研究等方面。

（一）海陆经济一体化的内涵

学界对海陆经济一体化的研究最早于20世纪90年代由韩忠南、张耀光、栾维新等提出，张耀光首次提出海陆经济一体化是海洋经济发展的必然趋势，能够实现海陆资源、能源、技术和人才的合理优化配置和有效利用，同时用整体论的思路实现海洋资源的有效开发。国内学者主要将其界定为海洋经济发展、沿海地区开发、海洋综合管理等的发展目标、发展原则、发展战略、发展模式、发展方式和手段等。

海陆经济一体化被认为是海洋资源开发、海洋经济发展的目标。海洋产业与陆域产业存在生态资源、技术基础、空间载体等差异，更存在相互延伸、相互依赖、相互促进，这必然形成海陆复合系统，导致海陆经济一体化发展。可通过港口、临海产业、港口—腹地一体化、陆岛工程、跨海大桥和海底隧道工程等的开发建设，协调海陆产业系统，进行海陆统一规划，将海陆资源开发、海洋与其他资源的开发联系起来，实现海陆经济一体化。

海洋经济发展、沿海地区开发坚持海陆一体化原则，这一原则是全国编制海洋开发保护规划时提出的，它同时也适用于海洋经济发展和沿海地区开发建设。刘俊杰（2000）将海陆一体化定义为海洋开发战略的四大原则之一，包括海陆一体化渐次开发、适度超前快速开发、集约性开发和协调发展。

海陆经济一体化是海洋经济发展、开发临港产业、实现海洋资源能源的协调发展、沿海地区开发建设等的发展战略。学界通过引入二元经济结构理论，分析海陆域经济的二元经济结构特征，从"二元经济一体化"的战略角度，研究海陆经济一体化问题。中国太平洋学会原执行会长张海峰自 2004 年提出"海陆统筹兴海强国战略"以后，多次提出树立科学的能源观，实施海陆统筹战略，从战略上消解海陆二分的现实，并且提出在中国经济社会发展"五个统筹"的基础上加上"海陆统筹"。尤其是对于东北老工业基地的振兴开发，需要注重发挥临海的地缘优势，实现沿海经济带与腹地的海陆产业联动，实施海陆联动战略。

海陆经济一体化被认为是海陆产业的发展模式。多数海洋产业是以陆域产业为支撑、在与陆域产业相互作用中发展的，海陆间存在千丝万缕的联系，加上目前中国海陆产业发展中存在着各种问题，海洋经济的发展模式需要在扩展海陆间产业联系、延伸海陆产业链条基础上，形成海洋与陆域产业链条的一体化，实现海陆经济的联动发展，形成海陆经济一体化的发展模式。

海陆一体化包含的内容有狭义和广义之分，狭义的海陆一体化更多的是指海陆经济一体化、海陆产业一体化，从资源开发、经济发展的角度，强调海陆系统通过统一规划、联动开发、综合管理将二元海陆产业系统作为一个统一的整体，实现海陆资源更有效配置。广义的海陆一体化包含的内容很多，不仅仅包括海陆经济一体化，还包括海陆社会、文化、交通、管理等的统一与协调。

（二）海陆经济一体化的动力机制

海陆经济一体化的本质是内部要素优化配置的结果，即发挥海洋产业系统在资源能源、空间等生产要素中的优势以及陆域系统在资本、人力、科技等生产要素中的优势，实现海陆系统间资源配置的帕累托最优，海陆产业系统之间通过相互提供服务以及产品，立足产业系统本身发展优势，达到整体功能互补和合作最优的状态。

海陆经济一体化的形成动力是：①资源能源、生态环境、人口、资本、科学技术五大生产要素的共有性和流动性；②海陆产业系统由于在资源禀赋、空间载体、发展历史及经济基础等方面存在差异，产生了系统间能量梯度的势能差。陆域拥有高于海洋的经济发展水平和科学技术水平，导致存在由陆向海的势能差，引起陆地向海洋的经济空间的扩展；海洋拥有优于陆地的丰富的资源能源、良好的生态环境和广阔的发展空间，存在由海向陆的势能差，引起海洋向陆域提供资源能源、发展空间的动力。这些由陆向海、由海向陆的双向的势能差为海陆产业关联不断提供动力支撑，海陆经济一体化通过获得系统效应，使海陆之间形成互为条件、优势互补的经济发展统一体。此外，海陆经济一体化是海陆经济活动的交易费用从外部交易变成内部交易和分配的过程，海陆经济一体化的动力是消除外部性，节省交易成本。

（三）特定地区的实证研究

海陆经济一体化发生和集中的主要节点在港口、海岸带地区和沿海地区，利用港口在海岸带地区发展临海产业①，形成临海产业园区和临港产业密集带，最后实现沿海城市化，是海陆经济一体化的一条有效途径。关于海陆经济一体化的实证研究，由于数据强调可获得性和可比性，基本上以沿海地区为统计对象（见表1-1），以阐述问题为研究的切入点，进行问题剖析研究，定性分析产生的原因，定量分析发展的过程，最后提出解决的对策。

表1-1　国内有关海陆经济一体化实证研究的论文分布

研究尺度	案例
国家尺度	中国沿海地区/1998（栾维新，王海英，1998）、中国/2003（盖美，2003）、中国/2009（殷克东等，2009）、中国/2011（鲍捷，吴殿廷等，2011）、中国/2013（刘伟光，盖美，2013）、中国沿海11省（市、区）/2014（苑清敏，杨蕊，2014）
区域尺度	环渤海/2009（李锋等，2009）、环渤海/2011（黄瑞芬，王佩，2011）、环渤海/2014（杨羽顿，孙才志，2014）、广西北部湾经济区/2011（朱念，朱芳阳，2011）、北部湾经济区/2012（姚远，2012）、京津冀（李文荣，2009）、东北地区/2009（董晓菲，韩增林，王荣成，2009）
省级尺度	河北省（李文荣，2004）、江苏省（常玉苗，成长春，2012）、辽宁省/2009（高源，杨新宇，张琳，2009；李靖宇，刘海楠，2009）、辽宁省/2011（韩增林，郭建科，杨大海，2011；范斐，孙才志，2011）、辽宁省/2012（周乐萍，2012）、辽宁省/2015（周乐萍，2015）、山东省/2009（卢宁，2009）、山东省/2014（赵亚萍，曹广忠，2014）
省级以下尺度	大连市/2004（吴姗姗，2004）、天津市滨海新区/2007（王磊，2007）、天津市滨海新区/2013（李健，滕欣，2013）、天津市滨海新区/2014（李健，滕欣，2014）、上海市/2009（向云波，徐长乐，戴志军，2009）、上海市/2012（胡麦秀，2012）

---

① 临海产业一般介于海洋产业和陆域产业之间，依托海洋空间和间接利用海洋资源而发展起来的产业部门，一般是指在海岸开发的基础上发展起来的某些特别适于海岸带地区作为发展基地的产业，具体包括利用海域空间的产业，如海洋开发设备制造业、修造船工业和筑港工程设施等；利用海运原料和产品的港口工业，如沿海经济技术开发区的外向型加工业、沿海钢铁业等；需要大量用海水做冷却水的产业，如港口电站、滨海核电站、海盐化工业以及其他耗水工业。

1. 以中国整体作为研究对象

随着近几年海洋经济活动的深入，中国各级政府，尤其是沿海地区经济发展的思路向海洋扩展，逐渐形成海陆经济一体化的发展思路。沿海、内陆发展水平的差异，凸显了中国海陆二元结构的问题，而海陆产业间生产要素的相互流通、产业链的相互延伸等密不可分的联系特征，使得中国急需进行海陆经济一体化的建设及战略发展，并在此基础上进行中国海陆经济一体化耦合度、耦合协调度等的测度。

通过对中国海陆经济关联效应进行定量分析，发现海洋经济的结构变动指数比陆域经济的大，早期中国海洋产业处于寄生于陆域产业中的状态，之后长时间处于正向非对称互惠共生状态，因此，急需构建海陆经济一体化实现陆海经济发展，而对于统筹机制则可以从决定机制、作用机制、调节机制三方面，协调和平衡海洋和陆域两大子系统，实施生态环境、经济、社会及三个子系统间协调统筹的战略模式。针对中国海洋经济发展中存在的生态环境、海岸带综合管理、海洋生物多样性、可持续发展等方面的问题，需要采用定性和定量相结合的方法研究海陆经济一体化问题。

中国海陆经济一体化的程度可以分成几个不同的地区，如上海市海陆产业耦合协调程度最高，其次为天津市、浙江省、福建省、辽宁省、江苏省、山东省和广东省，而河北省、广西壮族自治区、海南省的耦合协调程度非常低。此外，中国的海陆经济一体化程度受海陆产业结构、海陆空间布局和海洋资源环境承载力等方面的影响。

2. 以某几个特定地区作为研究对象

针对几大经济区或者某些相对集中的地区，作为共同研究对象，如针对环渤海地区经济发展中存在的现实问题，运用海陆经济一体化的理论，提出海陆区域经济一体化协调发展的对策，尤其是海洋经济与环境资源系统的耦合问题。针对广西北部湾经济区发展中出现环境污染、人口增加、城市化建设等矛盾导致的海洋产业发展水平低、竞争力不强等问题，合理利用资源，实施海陆经济一体化，促进海洋产业转型升级；山东半岛具备海、陆经济特色，属于海陆统筹的集成型经济区，将其打造成蓝色经济区，就能够实现山东社会经济发展模式的重大转型和经济增长方式的根本转变，海陆经济一体化的耦合还是打造山东半岛蓝色经济区的重要原则及举措；京津冀海陆兼备、发展迅速，但产业结构的问题影响了区域经济的发展水平，基于海陆统筹能够实现产业结构优化；实现东北地区沿海—腹地的良性发展，需要研究沿海与内陆腹地海陆产业联动发展的驱动力与海陆产业链的构造。

3. 以某一省（市、区）作为研究对象

以一个省为研究单位研究海陆经济一体化问题，如为了促进江苏海洋产业持续发展，建设海洋经济强省，解决海洋产业发展中的问题，需要实现海陆经济一体化联动发展；运用SSM对辽宁省的海洋产业结构进行阶段性演进分析，发现实现辽宁省海洋产业高级化，必须加强海陆联动，尤其是沿海经济带的发展，必须坚持同腹地进行海陆经济联动一体化发展，而基于有序度和协同演化模型的实证研究发现，辽宁省海陆产业系统协同发展、相互促进，在陆海统筹下能够实现海陆经济协调持续发展；采用定性、定量相结合的方法研究山东省海陆经济一体化建设，观察其时空演变特征，确定海洋主导产业、陆域主导产业、海岸带区域经济增长点和发展轴以及近岸海域的海陆一体化。

以一个市为研究单位研究海陆经济一体化问题，如大连市拥有丰富的海洋资源，海洋经济发展也比较迅速，但是海陆矛盾较为突出，迫切需要研究海陆互动机理，处理好海陆经济一体化问题；天津市滨海新区海洋经济发展优势显著，但长期以来海陆经济战略各自独立发展，没有形成协调完整的战略体系，需要以海陆经济一体化集成的战略视角，提出切实可行的发展战略，实证研究发现，天津市海陆产业系统耦合度很高，协同发展状况属于良好耦合协调类型，未来海陆产业系统将步入极度耦合协调阶段，陆域产业系统能够继续带动海洋产业系统发展；上海市作为中国最大的经济中心和全球吞吐量最大的港口城市，发展海洋经济的优势明显，但从战略上需要实施海陆联动、协调发展。

（四）海陆经济一体化发展测度研究

海洋产业与陆域产业的关联分析是构建海陆经济一体化模式的理论和实践基础，以投入产出模型来分析海洋经济发展，对海陆经济一体化研究是一次较大的推动。通过对海陆产业的投入产出分析，发现海洋经济内部各产业与陆域产业的投入产出关联关系较为明显。通过投入产出分析、灰色关联分析、相关分析、结构分析、贡献率分析等方法，实证分析海陆产业间的关联度、耦合度、耦合协调度，强调发挥沿海地区海洋与陆域资源、环境的综合协调优势，实现海陆经济一体化战略。一般而言，分析各相关产业的关联关系用里昂惕夫的投入产出表资料计算产业影响力系数和产业感应度系数来反映，但在海陆经济一体化研究时较多采用灰色关联分析法来计算。

1. 运用灰色关联模型测度海陆经济一体化的发展

国内学者在计算海陆经济一体化时，最为常用的是邓聚龙的灰色关联分析模型，计算海陆产业关联度，衡量海陆产业关联程度。如通过分析海陆产业子系统间的密切关联，并将海陆产业的生产、布局投影在中国沿海地区，将海陆产业之间的联系由理论转化为实践，运用灰色关联方法分析海陆产业内部的关系，结合海陆产业联动发展的驱动力，提出了海陆产业联动发展的政策；赵昕、王茂林（2009）认为，海陆产业关联度的测算，对沿海地区产业调整、制定产业战略至关重要，并以山东省为例，测算海洋产业与陆域产业的灰色关联度，揭示了海陆产业的关联关系；卢宁（2009）运用灰色关联分析研究了山东省海陆经济一体化发展战略；殷克东等（2009）运用灰色关联分析初步定量分析了中国陆海经济关联效应，结果显示陆海经济发展具有较高的关联效应，且海洋经济的结构变动指数比陆域经济的大；孙加韬（2011）在测试中国海陆产业灰色关联度的基础上，提出了一个侧重海陆经济一体化的基于产业结构、空间布局和生态资源环境的海陆产业关联分析模型；严焰、徐超（2012）利用灰色系统理论，计算海洋生物医药业、海洋电力业和海水利用业与产业链中海陆相关产业之间的实际关联度，以此提出加大海洋生物医药业的科研投入，实现海洋电力、海水利用产业与海洋相关产业的统筹发展。

2. 运用耦合模型测度海陆经济一体化的发展

发展海洋经济离不开陆域沿海区域经济社会的支撑，而陆域产业的发展链条必须向海洋延伸，因此，必须实现沿海与内陆区域发展战略的耦合协调。海陆产业耦合协调研究是国内学者近年来研究海陆关联、海陆经济一体化的一个较新的切入点，尤其是2010年以来，研究成果逐渐增多。

孙爱军等（2008）借鉴物理学中的耦合度函数，运用面板数据测度不同城市经济与用水技术效率间的耦合协调程度；黄瑞芬、王佩（2011）运用耦合度和耦合协调度模型，实证分析了环渤海经济圈海洋产业与区域环境资源的耦合协调状态；陈琳（2012）运用耦合模型定量分析了福建省海洋产业与区域经济的耦合关系，发现福建省海洋产业与区域经济的耦合状况在不断改善；高乐华、高强（2012）运用耦合模型，测度中国沿海11个省（市、区）2000～2009年海洋经济、社会和生态子系统的时空耦合协调度；盖美等（2013）运用关联度和耦合度模型从时空两个维度研究了中国沿海地区海陆产业系统耦合程度，发现总体上中国沿海地区处于拮抗型耦合期，上海耦合协调度最高；刘伟光（2013）分析了中国沿海地区海陆产业系统的耦合动力、耦合机制和耦合方式；李健、滕欣（2014）构建了海陆产业系统耦合协调评价指标体系，形成了海陆耦合协调模型，并实证分析了天津市2000～2010年海陆产业系统的耦合度和协调度，发现天津市海陆产业系统一直处于高水平耦合状态且协调度稳步提高。

3. 运用相关分析方法测度海陆经济一体化的发展

运用相关分析法，分析海洋产业与经济增长、陆域产业之间的相关程度，如以全国人均GDP与海洋产业增加值为样本，运用相关分析法测度海洋产业发展与经济增长的相关程度；以人均GDP和海洋产业产值为基础分析1997～2004年东北地区腹地经济与海洋产业的相关系数及相关程度，并运用相关分析法研究东北沿海经济带与腹地海陆产业联动的动力机制；利用山东省及临海7市的GDP

进行线性相关回归分析,测度山东省临海经济与海洋经济的关联程度。

此外,朱凌(2010)建立分类指标体系运用聚类分析法对沿海地区海陆经济一体化建设类型进行区域划分;韩增林等(2011)通过计算城市流强度值,揭示辽宁省沿海城市与内陆腹地的空间联系;刘伟光(2012)运用耗散结构理论分析了辽宁省海陆产业系统的协同演进效应。此外,还有学者运用结构分析、贡献率分析、投入产出分析、层次分析、演变过程分析、弹性分析等方法研究了海陆经济一体化问题。

(五)国内相关研究述评

通过对国内相关研究文献的梳理,目前的研究成果可以分为内涵、动力机制、实证与发展测度等方面,以多元化的视角论述了海陆产业系统的关系,丰富了中国海陆经济一体化的理论,对于中国海洋经济发展、海岸带综合管理与治理、海陆经济一体化政策的制定等具有重要的意义,近年来为区域经济、产业经济、海洋经济、经济地理等学科所关注。然而,在充分肯定相关研究成果的同时,也应看到相关研究仍停留在海陆经济一体化的表象研究上,理论研究处于起步阶段,缺乏对海陆经济一体化现象背后所包含本质规律的深入研究,对发展测度和驱动机理这一关键问题的研究薄弱,相关研究方法和技术手段也有待进一步提高,海陆经济一体化发展仍存在广阔的研究空间。总体来看,目前国内研究主要具有以下几方面特点:

1. 理论研究尚处于起步阶段,无论是数量还是质量都急需提高

目前可查的第一篇关于海陆经济一体化的论文是1996年发表的《中国海洋经济展望与推进对策探讨》,可见中国海陆经济一体化最早出现在政府文件中,海陆经济一体化的理论研究同海洋战略政策相伴而生,随着海洋经济的发展以及国家"海洋强国"战略的制定、实施与推进,学者对这一问题的关注度逐渐提高。文献统计表明,中国海陆经济一体化的研究可分为:1997~2006年分散、零星研究阶段;2007年受国家"海洋强国"战略影响,随着海洋开发强度的增大,对海洋重视程度不断提高,海陆经济一体化研究步入起步阶段(见图1-1)。

理论研究无论是数量还是质量都相对不足。本书利用"CNKI中国知网"总库,检索时间段是1990~2014年10月30日,分别以"海陆一体化"、"海陆统筹"、"海陆耦合"、"海陆联动"、"海陆互动"、"陆海统筹"、"陆海联动"等为主题,并匹配"精准"进行搜索,经过初步筛选得到相关文献350篇,去除无效重复文献,得到有效文献322篇,占"海洋经济"主题文献约1.5%,学界对海陆经济一体化问题的理论研究较少。高质量的研究成果较少,对照统计的文献来源期刊,发现《海洋开发与管理》载文量最多(13篇),而该刊不在CSSCI之

列，无论是在经济学、地理学还是在海洋科学期刊中，都属于低影响因子之列，相关研究仅有较少高层次文献发表在《海洋通报》、《经济地理》等较高影响因子刊物上。理论研究的不足造成了目前中国关于海陆经济一体化的理论研究滞后、范畴概念模糊不清、理论体系不健全等一系列问题，理论研究无论是数量还是质量都亟待提高。

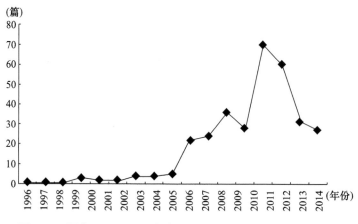

图 1-1　国内 1996~2014 年海陆经济一体化研究文献增长情况

2. 研究内容分散且以实证为主，研究的系统性和深度急需加强

目前的研究成果往往从单一角度研究单个地区的现实问题，没有进行区域经济的总体把握，从内容上看，多数是从海洋产业、陆域产业、海陆协调等角度出发，研究领域较为分散和片面，对于海陆经济一体化的内涵、动力机制，尤其是测度和驱动机理等问题的深入系统研究较少，因此造成当前现象研究较多、本质研究较少，研究缺乏一定的系统性。

研究不成体系还体现在研究的核心作者所在单位没有形成系统的研究。从研究成果的作者所在单位分析，目前发文数量较多的是国家海洋局（8篇）、辽宁师范大学（8篇）、中国海洋大学（8篇）、广东海洋大学（6篇）、山东社会科学院（6篇）、中共福州市委党校（5篇），研究作者所在单位发文数量较少，显示出中国研究海陆经济一体化的核心作者所在单位对这一问题的系统研究不足。

对于海洋传统产业的研究较多，对于新兴海洋产业的研究较为缺乏，忽略了海陆产业系统间的关联性和复杂性，学界对海洋经济发展中实行海陆经济一体化综合开发这一问题已达成共识，但是大多数学者仅定性提出了海陆经济一体化的开发建议与发展目标的框架构想，缺乏相关基础理论的研究支持。目前的理论研究仍然是早期的几篇关于概念、内涵的探讨，对海陆经济一体化规律的认识不够，对于海陆经济一体化发展的研究薄弱，海陆经济一体化理论研究的深度明显不足。

3. 定性分析较多、定量研究较少，急需加强定量研究的广度和深度

目前关于海陆经济一体化的研究处在起步阶段，大多是基于地区的定性分析，以某一区域为研究对象，针对海陆经济发展中的各种问题，提出海陆经济一体化的发展目标、发展战略、相关举措及政策建议。

定量研究较少，研究方法相对单一且具有一定片面性。大多数学者采用灰色关联分析法、耦合模型、相关分析等方法对海陆经济的三次产业生产总值和增加值进行测度，但海陆经济生产总值和增加值只能在一定程度上反映海陆经济一体化的程度，目前的定量研究方法对于海陆经济一体化的测度具有一定的片面性。可喜的是 2010 年以来，定量研究的比重开始增大，且研究方法也逐渐增多，但是对于海陆经济一体化系统、全面、深入的定量研究仍然较少，尤其是对于海陆经济一体化背后驱动机理的研究更少。

4. 静态研究较多，动态研究较少

大多数研究是对于地区实证的现象研究，研究缺乏一定的系统性，静态分析较多，动态研究较少，尤其对海陆经济一体化的测度研究较少，海陆经济一体化尚处于起步探索研究阶段，且都是从静态的角度，较少涉及动态趋势的研究。目前尽管对于海陆经济一体化测度已有部分研究，但缺乏长期的、系统的、深入的跟踪研究分析，很少有海陆经济一体化动态演化的研究，对海陆经济一体化驱动机理的研究更少，缺乏系统的、深入的、针对性强以及动态的阶段性驱动机理研究。

三、本书研究重点与方向

本书的研究重点和方向应主要集中在：

（一）海陆经济一体化发展的理论研究

目前对海洋经济的定位只是简单地将把陆域经济向海洋延伸，海陆经济一体化理论的深入研究较为缺乏，目前的理论研究仍然是早期几篇关于概念内涵的探讨，理论研究滞后、概念范畴模糊、理论体系不健全，对于海陆经济一体化内涵仍需深入研究，尤其是海陆一体化、海陆统筹、海陆联动、海陆协同等概念的区别与联系，科学界定海陆经济一体化的概念内涵方面。海陆经济一体化建立在系统论、耗散结构理论、自组织理论等相关理论基础之上，如何构建海洋产业系统、陆域产业系统和海陆经济一体化系统，海陆经济一体化的耗散结构和自组织演化特征表现在哪些方面等，是理论研究的重点和方向。

（二）海陆经济一体化发展的动力机制

目前有关海陆经济一体化的研究虽然指出海陆两大系统实施综合开发的媒

介、连接纽带是海陆产业间存在的各种错综复杂的联系，但对于海陆产业系统间产业关联的本质分析并不深入，虽然也有部分学者研究了海陆经济一体化的动力机制，但对海陆产业系统的关联性和复杂性、产业系统之间的差异性和势能差等的探讨仍然较少，对海陆经济一体化动力机制的系统深入研究仍然不足，这也是下一步研究的重点和方向。

（三）海陆经济一体化发展的测度研究

目前对海陆经济一体化的研究主要采用简单的描述性定性分析，定量的统计分析方法和计量经济模型较少，研究采用指标较为片面，构建的指标体系也相对缺乏综合性和代表性，未能对发展状况进行全面、客观、真实而深入的衡量，对发展趋势的准确把握也较为困难。因此，在继续深入研究海陆产业关联度、耦合度和耦合协调度等测算的基础上，需要开拓海陆经济一体化定量研究的新视角，尤其是从海陆产业系统的关联性和差异性的本质出发，构建新的测度体系，并进行动态变化的分析。

（四）海陆经济一体化发展的驱动机理

拓展海陆经济一体化理论与实证研究的深度，揭示海陆经济一体化动态变化背后的原因，才能更好地促进海陆经济一体化的发展，因此，需要深入探究海陆经济一体化的驱动机理，通过构建海陆经济一体化驱动机理研究的计量模型，关注动态的不同时间阶段海陆经济一体化的驱动机理，这是海陆经济一体化未来研究的重点和方向。

第三节　研究思路与研究方法

一、研究思路

本书围绕海陆经济一体化发展研究这一主题，沿着"理论基础—动力机制—测度评价—驱动机理"这一逻辑主线展开（见图1-1）。首先，对海陆经济一体化进行理论分析，构建海洋产业系统、陆域产业系统和海陆经济一体化系统，并分析海陆经济一体化系统的耗散结构和自组织演化的特征；其次，从海陆产业系统关联性和差异性（势能差）出发，研究海陆经济一体化的动力机制；再次，从产业关联、要素流动双重视角出发构建基于系统耦合、全要素耦合的海陆经济一体化测度评价体系；复次，结合海陆经济一体化自组织演化特征，运用协同学的哈肯模型分析其驱动机理，探究不同时间阶段下海陆经济一体化发展的驱动因素；最后，对上述理论研究和实证分析结论进行归纳，提出相应的政策建议。

本书研究的技术路线见图 1-2。

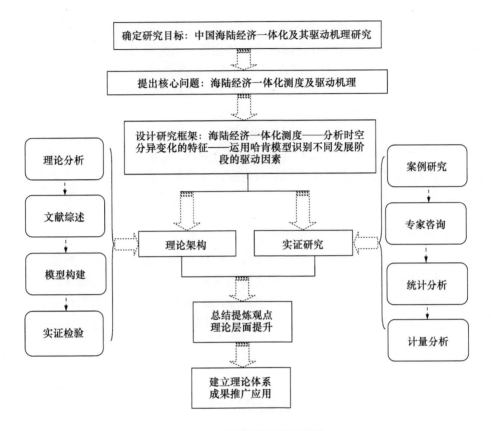

图 1-2 本书研究的技术路线

二、研究方法

本书主要采用文献分析法、理论研究法、规范研究法、数理分析法等研究方法对中国海陆经济一体化发展这一问题进行研究。

（一）文献分析法

文献分析法是目前各学科研究最常用的方法，根据海陆经济一体化发展研究的目标，通过收集国内外文献，调查分析文献，来获得研究的相关资料，从而全面、正确地了解掌握研究问题。通过文献调查分析，首先，能够了解关于海陆经济一体化研究的历史和现状，从而确定海陆经济一体化发展研究这一主题；其次，能够形成关于海陆经济一体化的一定积累，便于了解全貌、进行研究；最后，能够对现实资料进行比较研究，大致确定海陆经济一体化发展研究的内容。

（二）理论研究法

海陆经济一体化理论、耦合理论、协同学理论等为即将开展的研究工作提供了强大的理论支撑。本书要在海陆经济一体化发展研究中实现对现有分析范式及理论成果的突破与创新，必须建立深厚的理论研究基础，需要系统展开对系统论、耗散结构理论、自组织理论、协同学、产业关联理论等方面的研究。

（三）规范研究法

采用历史演绎、逻辑推理、经验归纳等手段，科学地界定海陆经济一体化的概念内涵、研究内容、空间边界等；采用理论分析、经验验证、个案分析、专家咨询等手段，从产业关联、要素流动双重视角构建基于系统耦合、全要素耦合的海陆经济一体化测度评价体系，对海陆经济一体化进行科学规范的研究。

（四）数理分析法

为精确描述，本书利用收集的数据资料，利用经济学、统计学、物理学等学科的统计分析软件和方法，构建数理模型，研究各变量之间的关系，得出被研究对象的相应结论。运用耦合模型、耦合协调模型、灰色系统预测 GM（1，1）模型、聚类分析法、产业同构系数、集中度等，对海陆经济一体化进行研究；运用哈肯模型，利用 Stata 计量经济软件分析面板数据，研究海陆经济一体化的驱动机理。

第四节　研究内容与可能创新

一、研究内容

本书研究内容围绕中国海陆经济一体化发展这一核心问题展开，大致可以分为文献研究、理论研究、实证研究和对策研究四大块，本书的主要研究内容框架见图 1 - 3。全书共分为八章，各章主要研究内容如下：

第一章：绪论。本章主要阐述了选题背景与研究意义，国内外关于海陆经济一体化的相关研究进展与评述，研究的思路和方法，研究内容和可能创新。这部分内容是全书的纲领。

第二章：海陆经济一体化的理论基础。本章分为三部分，包括海陆产业的研究范畴、海陆经济一体化内涵和海陆经济一体化相关理论。首先，分析海洋经济

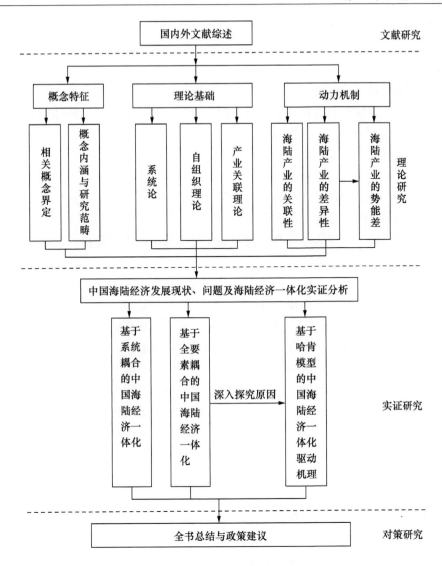

图 1 - 3 本书研究内容框架

与海洋产业、海陆产业的分类；其次，在对海陆经济一体化相关理念演化进行梳理的基础上，多视角透视海陆经济一体化的内涵，界定海陆经济一体化研究的空间范围；最后，以系统论、自组织理论、产业关联理论为基础，创新性地构建海洋产业系统、陆域产业系统和海陆经济一体化系统，分析海陆经济一体化系统的协同学特征、耗散结构特征和自组织演化特征，并进行海陆产业关联的分析。本章是进一步研究的理论基础和全书的逻辑起点。

第三章：海陆经济一体化的动力机制。从海陆经济一体化的本质——产业系统的关联性和差异性（势能差）出发，研究海陆经济一体化演化的动力机制，从根本上讲海陆经济一体化是经济效益最大化驱动的结果，并构建经济模型对海陆经济一体化进行了经济解释。本章是理论研究的进一步深化。

第四章：中国海陆经济发展现状及问题研究。通过分析中国整体经济发展现状、11 个沿海地区经济发展现状，尤其是海洋经济发展的现状、制约因素和趋势，深入挖掘海洋产业结构、产业布局和经济发展规划中存在的问题，为中国海陆经济一体化现状分析奠定基础。

第五章：中国海陆产业系统耦合发展研究。从产业关联的视角出发，利用耦合度模型和耦合协调度模型测度海陆产业系统，从产业规模、产业结构、经济效率、发展潜力四个方面衡量耦合协调发展情况，并进行实证分析。本章是全书研究的重点与核心。

第六章：中国海陆产业要素耦合发展研究。从要素流动的视角出发，依据海陆产业要素流动的流向，构建海洋资源、空间要素与陆域资本、劳动力、技术要素的全要素耦合的海陆经济一体化测度体系，研究海陆产业系统要素的耦合协调状况，并进行实证分析。本章是全书研究的重点和核心。

第七章：中国海陆经济一体化发展的驱动机理。海陆经济一体化的发展具有阶段性的变化特征，导致这一变化的深层次原因是什么呢？本章运用协同学的哈肯模型研究海陆经济一体化的驱动机理，采用绝热消去法分析海陆经济一体化演化的序参量和控制变量，以中国为分析样本，运用海陆资源共享度和海陆经济相互依赖度的面板数据进行模型求解，得到不同时间阶段中国海陆经济一体化演化的主要驱动因素，寻找中国海陆经济一体化的驱动机理。本章是进一步研究的深化。

第八章：全书总结与政策建议。本章在进行全书总结的基础上，从中国海陆经济一体化的实证研究结论出发，针对发展中存在的问题，提出相应的政策建议。这部分内容是全书的总结与升级。

二、可能创新

本书研究的主要贡献在于将耦合理论、耗散结构理论、自组织理论有机地结合在一起，提出了海陆经济一体化发展的研究框架，对从理论角度提出的海陆经济一体化发展进行了模型构建和实证分析，实现了对海陆经济一体化发展的定性和定量、静态和动态相结合的研究，丰富了海陆经济一体化发展的理论研究体系。本书研究主要的创新点如下：

（1）理论上，建立了海陆经济一体化发展研究的框架，即海陆经济一体化动力机制、测度体系、驱动机理、政策建议的一般理论分析体系，为推进海陆经济一体化发展，促进海陆经济发展和区域经济竞争力提供了新解释（第三、五、六、七、八章）。现有研究仅仅是针对海陆经济一体化问题和表象的描述，没有深入研究海陆经济一体化的本质，本书从海陆经济一体化的本质出发，在产业经济学和区域经济学双重视角下，构建海陆经济一体化发展研究的分析体系，形成新的理论研究框架。

（2）视角上，从产业关联、要素流动双重视角构建海陆经济一体化发展测度评价体系（第五、六章），建立了海陆经济一体化研究的新视角。原有对海陆经济一体化的分析以定性为主，定量分析也仅仅片面地从某一角度进行。本书从产业关联、要素流动双重视角出发建立了基于系统耦合、全要素耦合的海陆经济一体化测度评价体系，建立了产业规模、产业结构、经济效率、发展潜力四层次多指标海陆产业系统耦合评价指标体系；尤其创新性地从海陆经济一体化的本质出发，提出海洋资源、空间要素与陆域资本、劳动力、技术要素的海陆产业系统要素的耦合评价体系，克服了其他评价指标体系仅从表象上刻画海陆经济一体化的不足，综合、全面、深入地对海陆经济一体化进行测度。

（3）方法上，除了将熵值赋权法与耦合模型结合应用到海陆经济一体化的测度上（第五、六章）外，还将协同学的哈肯模型与计量经济学分析工具相结合，研究海陆经济一体化发展的驱动机理（第七章）。以往对海陆经济一体化发展的研究静态分析较多，动态上多以描述性定性分析为主，忽略了海陆经济一体化发展的动态变化。本书运用耦合模型分析了基于系统耦合、全要素耦合的海陆经济一体化，以中国为研究案例，分析其时空分异特征；通过计量经济学 Stata/SE 12.0 软件对面板数据进行分析，研究分阶段海陆经济一体化发展驱动因素的动态变化，深化了海陆经济一体化发展研究的理论和实证深度。

（4）观点上，提出了海陆经济一体化的动力机制体现为海陆产业系统的关联性和差异性，为海陆经济一体化发展研究奠定了理论基础，克服了海陆经济一体化研究仅仅停留在问题和现象研究方面的不足。基于系统耦合和全要素耦合的中国海陆经济一体化研究显示，中国海陆经济一体化程度不高且进程缓慢，上海、广东和山东处于磨合阶段，可以作为先行示范区，辽宁、江苏、浙江、海南、天津、福建处于拮抗阶段，可以作为重点核心区，河北和广西处于低水平耦合阶段，可以作为后发优势区。基于哈肯模型的中国海陆经济一体化驱动机理研究显示，资源共享度和经济依赖度分别为两阶段的序参量，驱动机理具有随发展阶段变化而变化的特点。

第五节　本章小结

　　本章为绪论部分，重点分析了本书的选题背景与研究的理论和现实意义，对国内外有关海岸带综合管理、海洋经济对陆域经济的影响、海陆经济一体化的理论内涵、海陆经济一体化的动力机制、特定区域海陆经济一体化的实证研究、海陆产业关联的测度研究等方面做了综合评述，确定了本书研究的重点和方向，主要包括理论研究、动力机制、测度研究和驱动机理四个方面；对本书的研究思路与研究方法、研究内容与可能创新进行了总结，纲领性地对全书进行了分析。

第二章 海陆经济一体化的理论基础

研究海陆经济一体化，首先必须明确海洋经济、陆域经济、海洋产业、海陆经济一体化等核心概念，尤其是在海洋经济和海洋产业概念内涵混淆，海陆经济一体化的内涵和研究范围不清的情况下，本章分析海洋经济及海洋产业的概念，梳理海陆经济一体化的相关概念的演化，界定海陆经济一体化的概念内涵及研究空间边界，构建基于系统论、自组织理论、产业关联理论等的海陆经济一体化作为理论基础。本章是全书的逻辑起点。

第一节 海陆产业的研究范畴

海洋经济是相对于陆域经济而言的，海陆经济就是依据开发利用资源的空间位置和资源对象的差异进行划分的。海洋经济研究领域，存在海洋经济、海洋产业的内涵和外延界定不清等问题，而对于陆域经济及其分类学界已经熟知，因此，本节重点对比分析海洋经济与海洋产业的概念，并对海洋产业的分类进行研究。

一、海洋经济与海洋产业

按照经济发展空间区域属性的差异，产业系统可以划分为海洋产业系统和陆域产业系统两个部分。陆域经济是相对于海洋这一特殊的经济空间，将陆域作为经济发展的主要空间载体，对陆域资源对象进行开发的经济活动，包括海岸带经济、非海岸带流域经济以及内陆经济等。海洋经济，是指以海洋、海岸带或海岛为空间活动场所，以海洋资源为开发利用对象，发生的所有经济活动及其相关活动的总称。海洋经济和陆域经济是相对应的概念，它们都是人类经济活动的一部分，只是由于海洋经济开发利用资源的空间位置、资源对象和陆域经济活动有所区别，海洋经济和陆域经济才呈现不同特征。

陆域作为人类生活与生产的主要空间场所，一直以来都是经济社会发展的空间载体。相对于海洋，陆域经济发展历史悠久，自人类社会产生，陆域经济就随之产生，陆地作为人类生产、生活的主要场所，一直是经济发展、产业布局的主要载体，陆域产业系统随着陆域经济的发展逐渐形成。从某种意义上讲，20世纪以前的产业系统指的就是陆域产业系统，可以说陆域经济先于海洋经济得到了发展，在陆域科技水平提升以及陆域资源环境矛盾等背景下，产业系统逐步向海洋经济延伸。

（一）海洋经济

美国学者 Rorholm 1963 年开展了纳拉干塞特湾经济影响的研究，1967 年开展了海洋活动经济影响的研究，首次研究了 13 个海洋产业对新英格兰地区的经济影响，并运用投入产出法研究了海洋产业的经济地位。20 世纪 80 年代，Holdowsky、Michael 等通过分析国民收入账户的 66 个产业对海洋对美国经济的贡献度进行了估计，自此，国民收入账户成为各国评估海洋经济价值和贡献的主要方法，但这种方法是以 GDP 作为主要核算口径，并未纳入生态和环境价值，对于海洋经济活动的外部经济效应无法进行核量，在海洋经济活动的可持续性的衡量上存在不足。美国 20 世纪 90 年代的 "全国海洋经济计划" 将涉海经济分为海洋经济和海岸带经济，21 世纪初，Colgan 在其著作中首次倡导采用统一的海洋经济计量方法以及统计口径，海洋政策委员会确定了较为明显的海洋经济的定义。

笔者对海洋经济概念的演变进行梳理和归纳，发现到目前为止，国内关于海洋经济还没有统一的定义。由于研究视角的不同、学科背景的差异，对海洋经济的研究视角、范围、研究方法较为多样化，但大多从海洋经济的外延出发，以资源经济界定海洋经济，也有学者从海洋经济内涵出发，强调投入产出与海洋的关联。2006 年《海洋及相关产业分类》（GB/T 20794—2006）[①] 是迄今为止中国官方最具权威性的定义，将海洋经济定义为：海洋经济是开发、利用和保护海洋的各类产业活动，以及与之相关联活动的总和，包括海洋产业和海洋相关产业两个部分。

（二）海洋产业

除了 "海洋经济" 这一概念外，国外还常用 "海洋产业" 这一概念。中国对于海洋产业的定义也比较多，其中比较有代表性的主要有以下几种：

张耀光指出，海洋产业是将海洋资源、能源和空间等作为开发利用对象的产业部门；部分学者认为海洋产业是对海洋资源进行开发利用和保护形成的物质生

---

① 国家海洋局. GB/T 20794—2006 海洋及相关产业分类. 中华人民共和国国家标准，2006 - 12 - 29.

· 26 ·

产部门和服务部门的总和，是人类利用海洋资源和空间进行的生产和服务活动，海洋经济只有通过海洋产业才能将海洋资源和空间转化成生产力。

《海洋及相关产业分类》（GB/T 20794—2006），认为海洋产业是指开发、利用和保护海洋所进行的生产与服务活动，是海洋经济的构成主体和基础，是具有同一属性的海洋经济活动的集合，也是海洋经济存在和发展的前提条件。海洋产业作为海洋经济的主体，是对海洋资源空间开发利用和保护的结果，同时，海洋资源只有通过海洋产业这个孵化器才能转化为海洋经济，其关系可以用图2-1表示。

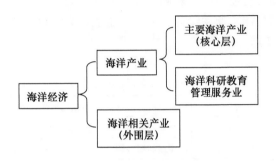

图2-1　海洋经济与海洋产业关系

二、海陆产业的分类

陆域产业的分类已为学界所熟知，在此不再赘述，本节主要分析海洋产业的分类。海洋产业是建立在产业结构的基础上，将概念反映的对象依据不同的划分标准进行的划分。目前，学者对"海洋产业"的表述争议不大，但是对其归类体系和划分标准存在较大的分歧，海洋产业包含的内容也不尽相同。目前中国比较典型的海洋产业分类有以下几种：

（一）依据国家标准的海洋及相关产业分类

根据海洋活动的性质，《海洋及相关产业分类》（GB/T 20794—2006）标准将海洋产业区分为海洋产业及海洋相关产业两个类别，具体包括29个大类、106个中类和390个小类。海洋产业由主要海洋产业和海洋科研教育管理服务业两大部分构成，主要海洋产业具体包括海洋渔业、海洋油气业、海洋矿业、海洋盐业、海洋化工业、海洋生物医药业、海洋电力业、海水利用业、海洋船舶工业、海洋工程建筑业、海洋交通运输业、滨海旅游业12个产业部门，海洋科研教育管理服务业指开发、利用和保护海洋过程中所进行的科研、教育、管理及服务等活动，包括海洋信息服务业、海洋环境监测预报服务、海洋保险与社会保障业、海洋科学研究、海洋技术服务业、海洋地质勘查业、海洋环境保护业、海洋教育、海洋管理、海洋社会团体与国际组织等。海洋相关产业是指以各种投入产出为连接纽带，与主要海洋产业构成技术经济联系的上下游产业，涉及海洋农林业、海洋设备制造业、涉海产品及材料制造业、涉海建筑与安装业、海洋批发与零售业、涉海服务业等。

（二）应用三次产业分类法划分的海洋产业

应用三次产业分类法，可以将海洋产业分为：海洋第一产业，包括海洋渔业；海洋第二产业，包括海洋油气业，海洋矿业，海洋盐业，海洋化工业，海水利用业，海洋生物医药业，海洋船舶工业，海洋电力业，海洋工程建筑业等；海洋第三产业，包括海洋交通运输业，滨海旅游业，海洋科学研究、教育和社会服务业等（见表2-1）。

表2-1　海洋三次产业分类

产业类别	产业部门	包括的海洋经济活动
第一产业	海洋渔业	包括海洋捕捞、海水养殖以及海洋渔业服务业
第二产业	海洋油气业	海岸线向海一侧的石油、天然气的开采活动
	海洋矿业	砂质海岸或近岸海底开采金属和非金属砂矿
	海洋盐业	海水晒盐、海滨地下卤水晒盐和原盐产品加工
	海洋化工业	以直接从海水中提取物质作为原料进行的一次加工产品的生产
	海水利用业	海水淡化业和对海水进行直接利用的行业
	海洋生物医药业	从海洋生物中提取有些成分生产生物化学药品、保健品和基因工程药物的生产
	海洋船舶工业	各种航海船舶和渔船的制造、修理等活动
	海洋电力业	利用海洋潮汐能、波浪能、温差能、潮流能、盐差能等进行电力生产活动
	海洋工程建筑业	海港、滨海电站、海岸、堤坝等海洋、海岸工程建筑的行业活动
第三产业	海洋交通运输业	海洋交通运输及为其提供服务的活动
	滨海旅游业	以海岸带、海岛及海洋自然、人文景观为依托的旅游经营、服务活动
	海洋科学研究、教育和社会服务业	围绕海洋资源开发而提供的科研、教育、服务等

（三）依据海洋产业发展时序和技术标准划分的海洋产业

依据海洋产业开发先后次序和技术进步程度，海洋产业可以划分为传统海洋产业、新兴海洋产业和未来海洋产业三类（见表 2 - 2），其中，传统海洋产业指 20 世纪 60 年代以前已经形成并大规模开发且不完全依赖现代高新技术的产业，主要包括海洋捕捞业、海洋交通运输业、海洋盐业和海洋船舶工业；新兴海洋产业是指 20 世纪 60 年代以后至 21 世纪初形成，由于科学技术进步发现了新的海洋资源或者拓展了海洋资源利用范围而成长起来的产业，包括海洋油气业、海水养殖业、滨海旅游业、海水淡化业、海洋生物医药业等产业；未来海洋产业是指 21 世纪刚刚开发、依赖高新技术的产业，如深海采矿业、海洋能利用业、海水综合利用业和海洋空间利用业等。

表 2 - 2　传统海洋产业、新兴海洋产业和未来海洋产业

海洋产业	传统产业	海洋捕捞业、海洋交通运输业、海洋盐业、海洋船舶工业等
	新兴产业	海洋油气业、滨海旅游业、海水淡化业、海洋生物医药业等
	未来产业	深海采矿业、海洋能利用业、海水综合利用业、海洋空间利用业等

本书关于海洋产业的分类，按照三次产业分类法，分为海洋第一产业、海洋第二产业、海洋第三产业；依据国家海洋行业标准《海洋及相关产业分类》（GB/T 20794—2006），确定海洋渔业、海洋油气业、海洋矿业、海洋盐业、海洋化工业、海洋生物医药业、海洋电力业、海水利用业、海洋船舶工业、海洋工程建筑业、海洋交通运输业、滨海旅游业 12 个主要海洋产业；依照海洋产业发展时序和技术标准分为传统海洋产业、新兴海洋产业和未来海洋产业。

第二节　海陆经济一体化的内涵

一、海陆经济一体化相关理念演化

海陆经济一体化是经济一体化的一部分，经济一体化最早由荷兰经济学家简·丁伯根（Tinbergen Jan）于 1954 年首次提出，他认为，经济一体化就是将有关阻碍经济最有效运行的人为因素加以消除，通过相互协作与统一，创造最适宜的国际经济结构。经济一体化是随着国际化分工不断深化，并随着社会化大生产

的进行，国家经济由原来的经济往来走向经济合作直到经济融合的发展过程。美国经济学家贝拉·巴拉萨（Balassa，1961）在其名著《经济一体化的理论》一书中提出，经济一体化是指产品和生产要素的流动不受政府的任何限制，既可以看作一个发展过程（Process），也可以看作一种发展状态（State of Affairs）：作为发展过程，它包括旨在消除各国经济单位之间差别待遇的种种举措，强调了动态性质；作为发展状态，则表现为各国间各种形式的差别待遇的消失，强调了静态性质。

海陆经济一体化是中国 20 世纪 90 年代初期编制全国海洋开发保护规划时提出的一个原则，同时适用于海洋经济发展和沿海地区的开发建设。关于其概念，不同专家学者从不同角度、不同侧面提出了各自观点，图 2-2 大致列出了海陆经济一体化及相关概念的演化。目前比较有代表性的观点有：

栾维新是最早提出海陆经济一体化这一概念的学者之一，其观点也比较有代表性。他认为，海陆经济一体化，是将海洋生态系统与陆域生态系统纳入一个系统思考，将海洋资源开发与利用和陆域资源开发与利用结合起来统一规划。

任东明、张文忠、王云峰（2000）认为，所谓海陆经济一体化，就是在开发海洋资源的同时，充分利用临海区位优势和海洋的开放性，发展临海产业，形成资金、技术、资源由陆域向海域、由海域向陆域的双向互动。一方面，陆域产业利用其资金技术优势在海岸带建立海洋开发基地，进行海洋资源开发和海洋资源加工，实现陆域产业向海洋延伸；另一方面，海洋资源优势通过临海产业的建立向陆上扩散，弥补陆地自然资源的不足。陆域资源与海域资源优势互补，共同促进沿海地区的发展。

徐质斌（2010）认为，海陆经济一体化就是根据海、陆两大地理单元的内在联系，以系统论、协同论的思维方法，通过统一规划、联动开发、供应链组接、综合管理，把原来相对孤立的海陆系统，整合为一个新的社会大系统，以追求海陆资源的更有效配置的过程。

韩立民等（2006）认为，广义的海陆一体化指发挥海洋优势，加强海陆联系和统一规划，促进沿海地区经济、社会的全面发展。海陆经济一体化过程的原动力是海陆之间相互提供产品和服务，即立足自身优势实现区域间的功能互补。比如，海洋为陆地提供食品、资源、能源、交通、娱乐等；陆地为海洋开发提供技术、人力、财力和后方基地。

卢宁等（2008）认为，所谓海陆一体化是指根据海陆两个地理单元的内在联系，运用系统论和协同论的思想，通过统一规划、联动开发、产业链的组接和综合管理，把本来相对孤立的海陆系统，整合为一个新的统一整体，实现海陆资源

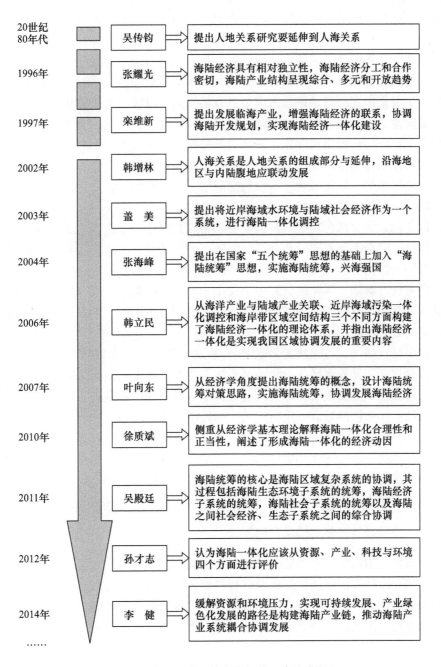

图 2-2 海陆经济一体化及相关理念演进图示

的更有效配置。海陆一体化包含的内容很多,诸如海陆资源开发一体化、海陆产业发展一体化、海陆开发管理体制一体化和海陆环境治理一体化等。海陆资源开发一体化,是将海洋资源优势由海向陆扩散和转移,实现对海陆资源的系统协调和集成优化配置;海陆产业发展一体化,是实现陆域经济、产业向海洋的延伸和转移,主要集中在临海地区及海岸带产业的发展;海陆开发管理体制一体化,是把海陆资源、经济整合发展的视角,扩展到海陆社会、文化、交通、管理等的协调整合上;海陆环境治理一体化是通过严格控制污染源治理、海陆污染的联动治理,实现海陆环境保护和生态建设。从更广阔的社会经济视角看,其内涵可以拓展到海陆区域的一体化整合,不仅包括海陆资源、空间和经济之间的整合,也包括海陆文化、社会和管理之间的协调与整合。

以上观点主要从合理开发海洋资源的角度对海陆一体化进行了界定,认为海陆一体化是整合海陆资源、合理布局海陆产业、加强海陆经济联系的一种有效模式。海陆一体化中最重要的是海陆资源的互补性和海陆经济板块的互动,可以看出,现有针对海陆一体化的研究主要集中于海陆产业关联方面,把海陆一体化与狭义的海陆一体化等同起来理解,对海陆一体化的研究,主要从经济层面来考虑,即海陆经济的一体化。

张海峰在国家"五个统筹"思想的基础上提出了"海陆统筹"的概念,海陆统筹是规划和开发海洋与沿海地区经济发展的指导思想,而海陆一体化是海陆统筹战略在经济发展中的具体实施过程,如果说海陆统筹是观念形态的产物,那么,海陆一体化已经是有一定组织结构的经济实体。

海陆一体化、海陆统筹两者之间的联系表现在其共同目标是实现海陆资源互补、海陆产业互动、海陆环境协调优化、海陆管理协调统一的海陆关系,从而促进沿海地区经济社会协调发展。海陆一体化可以说是海陆统筹的高级形态,与海陆统筹的区别主要体现在观察视角、层次和内容等方面(见表2-3)。

二、海陆经济一体化的概念内涵

通过梳理国内学术界海陆经济一体化的现有研究成果①,发现学界没有对海陆一体化和海陆经济一体化的概念进行严格区分,一般认为海陆经济一体化指狭义的海陆一体化,因此存在广义的海陆一体化概念和海陆经济一体化的概念相混淆的可能性,因此,本书首先对海陆经济一体化进行概念界定。

---

① 中国学术界率先提出了海陆经济一体化的概念,并进行了大量相关研究,国外学术界对海陆经济一体化问题的研究主要集中在海岸带综合管理和海洋经济的影响等方面,对海陆经济一体化的直接研究较少。

表 2 - 3　海陆一体化与海陆统筹的区别

区别点	海陆一体化	海陆统筹（陆海统筹）
观察视角	海陆一体化是打破海陆系统分离的二元结构观念，将海陆均作为区域经济社会发展的支持系统，通过海陆产业系统之间的物质、能量、信息等交换，实现海陆经济大系统的最优平衡，因此海陆一体化是对海陆统筹提法的提升	海陆统筹是从地理学的角度来看待海陆之间的关系，海陆两个地域部分共同组成沿海区域整体，是相辅相成的关系，但是在海陆地域之间存在相互补充，在开发利用上存在一定的矛盾，需要统筹开发利用海陆两个地域
层次	海陆一体化的实践性较强，应该说是海陆统筹战略观念在经济发展中的具体实施过程	海陆统筹的概念、观念层次更高，是规划和开发海洋的指导思想
内容	海陆一体化，尤其是狭义的海陆经济一体化，包含的内容相对狭窄、具体，主要侧重沿海地区区域经济发展方面	海陆统筹包含经济、社会、自然、环境的各个方面，既包括经济层面，也包括文化、精神层面以及制度层面等，从内容上看相当于广义的海陆一体化

　　学界对于海域和陆域系统长期以来坚持海陆二元结构的思想，但这两套系统之间存在着永不停止的、复杂的物质能量交换过程，形成了天然的（如空间上毗邻、气象上互相影响、生态上有食物链关系等）以及非天然的如经济上的关联（如海洋为陆地提供食品、资源、能源、交通、娱乐等，陆地为海洋开发提供技术、人力、财力和后方基地等），因此必须坚持一体化的思维方式。

　　海陆经济一体化借鉴经济一体化的概念，从根本上讲，既是一种战略思维的过程，也是一种发展趋势的状态，它是基于海陆生产要素的流动性，以及海陆经济的技术、产品、服务和产业关联性等因素，通过规划、协调、引导等手段，发挥临海产业的纽带作用，提高海洋和陆域两大产业系统的内在联系程度，合理配置海洋产业和陆域产业种类及布局，来达到优化资源配置和产业结构升级，消除阻碍经济运行的障碍，使得产品和生产要素的流动不受限制，提高海洋经济和陆域经济的综合效益，最终目标是使海洋及其邻近陆域（海岸带）形成互为条件和优势互补的经济发展统一体。

　　综合以上观点，本书认为：海陆经济一体化，就是将海洋和陆域作为两个独立的产业子系统，利用海洋资源、能源、空间和陆域劳动力、资本、技术等要素的流动形成的海陆产业系统的关联，进行海陆统一规划、统一协调，实现海陆资源互补、海陆产业关联融合协调、海陆产业合理布局、海陆经济互动发展海陆统筹和一体化发展（见图 2 - 3）。

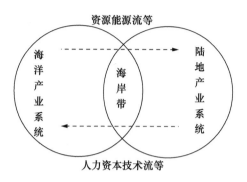

图 2-3 海陆经济一体化概念示意图

　　海陆经济一体化需要从系统论的角度出发，以整体的视角结合海洋经济与陆域经济发展的规律和系统优势，将海洋经济作为整个经济大系统的一部分，有效利用海洋资源优势，缓解陆域资源紧缺矛盾，不断协调海陆资源、产业、科技方面的发展，改变沿海地区产业发展与资源分布不均衡的矛盾，共同促进经济大系统的平衡发展。通过海陆经济一体化，加强海陆产业关联，充分开发利用海洋资源发展相关产业，促进沿海地区全面发展。通过海陆经济一体化，实现海陆产业融合，促进海洋产业部门和陆域产业部门的融合，提升产业竞争力，实现海陆交通网络的对接，促进海陆综合功能区整合（见图 2-4）。

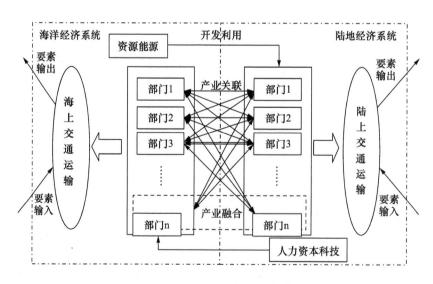

图 2-4 海陆经济一体化内涵示意图

从经济发展角度看，海陆经济一体化包含资源利用、产业发展、空间战略三个方面，这三个方面是相互联系、逐层推进的关系。

第一，资源开发一体化。沿海地区发展海洋经济的过程中，如何发挥海洋资源优势，实现海洋资源与陆域资源的最优化配置是海陆经济一体化的关键点。通过海陆经济一体化可以将海洋丰富的空间资源能源向陆域转移，利用陆域丰富的劳动力、技术和资本等优势，合理进行海洋资源的开发，既能够填补陆域资源需求的缺口，又能提高海洋资源的开发与利用水平。

第二，产业发展一体化。海洋产业可以说是起源于陆域产业，是陆域产业在海洋上的延伸，海洋和陆域三次产业间存在着密切的关联关系，海洋资源的开发必须以陆域产业作为支撑，实现陆域资本、先进技术、劳动力和管理经验等在海洋资源开发利用中的延伸。通过实现沿海地区生产的优化布局，以海洋经济带动陆域经济，海洋经济发展成熟的科学技术经验反过来又能促进陆域经济的发展，实现沿海地区主导产业的合理选择和结构的优化升级，最终实现海陆产业联动发展。

第三，空间战略一体化。资源开发和产业发展集中在海岸带地区和沿海地区，而随着沿海地区经济的发展，沿海和内陆通过点、轴、面等空间要素的有效组合，沿海的综合经济优势尤其是海洋经济优势，不断向内陆扩散和转移，带动腹地经济发展，实现优势互补的沿海和内陆的海陆经济一体化。

海陆经济一体化包含的资源开发、产业发展和空间战略三个方面可以说是相互联系、逐层推进的关系。长期以来，受"重陆轻海"传统观念的影响，海陆发展阶段存在巨大差异，直接导致海陆产品具有很强的互补性。内陆地区以传统产业为主，主要利用当地资源或能源的先天优势，其产品往往具有资源依赖性强、深加工程度不高等特点，而沿海地区"鱼盐之利，舟楫之便"的经济模式与内陆地区农耕、放牧为主的经济模式显著不同，导致了沿海与内陆地区的经济发展的显著差异。早期的海陆经济以资源开发和产业发展为主，随着沿海地区通过发展海洋经济和海岸带经济，促进技术密集型产业和高新技术海洋产业的发展，实现海洋产业在沿海地区的集聚和产业结构的升级，沿海地区成为地区经济发展的增长极。在增长极的带动作用下，实现整个地区空间战略的一体化，是海陆经济一体化的高级阶段。

在海陆经济一体化的初级阶段，现代涉海经济部门（如海洋工程装备制造业、海洋油气业等）在传统陆域经济中出现，仅在少数产业部门中率先出现，而其他产业或部门仍停留在传统状态，因此，形成了沿海地区内部现代涉海经济部门和传统陆域经济部门并存的海陆二元结构，沿海经济带成为沿海海洋经济与腹地陆域经济相互耦合的复合地带。一方面，现代涉海产业部门在传统陆域产业部门形成后，不仅会带动海洋产业规模的扩大，以及与该海洋产业相对应的陆域产业的发展，而且会通过产业的前向关联、后向关联、旁侧效应、扩散效应等与陆域其他产业形成产业关联效应，对陆域其他产业形成强有力的辐射带动能力。另一方面，海洋经济的发展水平在一定程度上也是陆域工业经济和科技实力的代表，沿海地区可以借助陆域资源、技术、区位等经济优势，充分发挥其综合经济优势，通过海陆生产要素充分流动、资源优化配置、产业优化协调等，实现陆域产业向海洋的延伸，逐步形成海陆产业的关联（见表2-4）。

表 2-4　海陆三次产业的关联关系

产业结构	陆域产业	海洋产业
第一产业	农业	海水养殖业
	牧业	海洋牧场
	渔业	海水捕捞业
第二产业	采矿业	海洋矿产业
	电力工业	海洋新能源业
	石油工业	海洋油气业
	化学工业	海洋化工业
	机械工业	海洋船舶工业
	建材工业	海洋工程建筑业
	食品加工业	海洋产品加工业
第三产业	农、林、牧、渔服务业	海洋水产服务业
	地质勘查、水利管理业	海洋地质勘探业
	交通运输业	海洋运输业
	旅游业	海上旅游观光
	信息咨询业	海洋信息咨询业
	科学研究、技术服务业	海洋科学研究、技术服务业
	国家机关、政党和社会团体	海洋综合管理

在海陆经济一体化的高级阶段，在市场机制的引导作用下，海陆生产要素与产品在沿海和内陆之间流动，实现沿海和内陆的海陆资源的优化配置，逐步实现沿海海陆经济技术对内陆的梯度转移，实现沿海与内陆优势互补、沿海与内陆区域二元结构的一体化，带动整个区域经济的增长。根据增长极的极化效应和扩散效应，沿海地区实现了产业梯度转移、制度模仿移植、技术溢出，内陆地区实现了资源优化配置效率的提高、产业结构的优化升级、科技进步（见图2-5）。

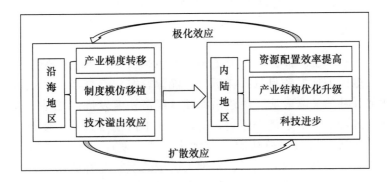

图 2-5　沿海与内陆海陆经济一体化作用示意图

增长极的极化效应。现代涉海产业部门通过对陆域产业的关联效应，会使得沿海地区产生自我持续海陆产业集聚，现代涉海经济部门逐渐扩大，且占据地区经济的主导地位，传统陆域经济部门将逐渐缩小，成为受涉海经济驱动的现代产业部门。伴随着海陆经济一体化，整个社会经济生产率和劳动者工资收入将得到提高。沿海地区独特的自然条件和优越的经济、交通、区位条件，作为区域增长极，不断吸引周边地区原材料、熟练劳动力、高级人才，甚至资本和技术，大量外部投入向沿海地区集聚，资金、技术密集型的产业不断集中，带来沿海地区经济实力、人口规模、技术水平等迅速提升。周边地区的劳动力在沿海地区较高的工资水平的吸引下会发生迁移，带来劳动力的减少，而其本身经济增长缓慢、生产效率低下，对资本、劳动力、技术等的需求也不断降低，工资水平持续保持在较低的水平，进一步加剧了劳动力的地区迁移，在累积循环效应作用下，沿海与内陆地区人均收入、经济规模、发展水平的差距会越来越大。

增长极的扩散效应。当沿海地区经济发展到一定程度后，会带来资源短缺、交通拥挤、人口膨胀、资本过剩等一系列问题，地区生产成本不断上升，外部经济效应不断减少，经济增长呈趋缓的态势，沿海对内陆地区的极化效应逐渐减弱，逐渐产生扩散效应，并不断增强。沿海地区会沿着交通干线、海岸带等经济增长轴，通过海陆产业关联，产生产业梯度转移，通过价值规律的作用，将部分产业、技术、人才、资本、信息、资源等向位置更有利、成本较低、利润较高的低梯度地区转移，带动和促进周边地区经济增长、资源配置效率提高、产业优化和技术进步，不断缩小地区差异，最终实现区域平衡。

本书基于产业经济学的视角，重点关注沿海地区海陆产业关联和要素流动的资源利用和产业发展一体化，即海陆经济一体化的初级阶段，对于海陆经济一体化的高级阶段，沿海与内陆的区域联动不作为研究的重点。

三、海陆经济一体化的空间边界

目前，海陆经济一体化的区域范围主要包括两大层面：一是沿海地区的范围，即沿海地区如何发挥自身海洋资源、能源、空间等优势，实现沿海地区海陆产业优势互补的关联效应，促进沿海地区经济快速发展。二是大区域范围的沿海地区与内陆地区的经济一体化，通过沿海地区的点、轴，逐渐扩展到面的空间要素，实现从沿海向内陆的资源优化配置，发挥沿海地区的海洋经济优势，将其扩散、转移到内陆地区，实现大区域的优势互补和区域协同发展。这两大层面的内容是相互联系、相互促进和逐层推进的，沿海地区内部的一体化是海陆经济一体化发展的初级阶段，沿海和内陆地区的一体化是海陆经济一体化的高级阶段。

海陆经济一体化，从地理范围看，包括海洋和陆地两部分，具体涉及范围见图 2－6，主要空间范围是海岸带地区，它作为海洋与陆地交互作用的地带（或海洋和陆地的过渡带），包括海陆交界的海域和陆域，具体包括岛屿、珊瑚礁、海岸、海滩、海峡、河口等区域，集中体现了海域生态经济系统和陆域生态经济系统的联系。

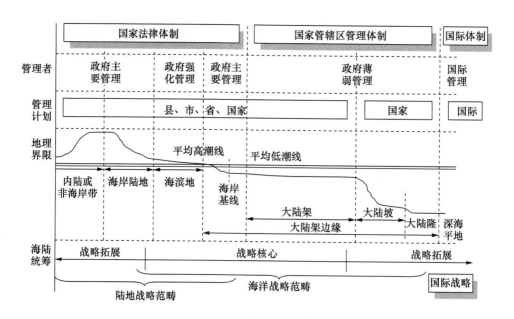

图 2－6 海陆经济一体化的地理范围示意图

资料来源：鲍捷，吴殿廷，蔡安宁等. 基于地理学视角的"十二五"期间中国海陆统筹方略 [J]. 中国软科学，2011（5）：1－11.

海岸带虽然面积仅占地球表面积的18%，水体面积仅占整个海洋水体的5%，但却蕴藏了全球1/4的初级生产力，是人类与海洋交互作用最强烈也是历史最漫长的区域。海岸带是人类认识地球的基线，是在经济、政治、军事上最活跃的龙头地带。从最早期的"鱼盐之利，舟楫之便"到现代人类对海洋生物资源、矿产资源、化学资源、空间资源及海洋能源等的开发利用，大多集中在海岸带地区。因此，海陆经济一体化研究的范围应重点放在海岸带，结合具体地域的特点和产业开发情况适当向陆域延伸。

　　不同地区的自然经济情况、海洋开发模式等具有不同特点，因此，各国对于海岸带范围的规定也不相同，不同研究者对海岸带范围也有不同的认识和理解，海岸带范围的划分千差万别，海岸带的地理边界到目前还没有一个统一的标准。中国社会经济调查明确海岸带的空间边界是：以占有海岸线的省、市、行政区域为陆上界线范围。依据区域经济学研究的视角，海岸带是向陆一侧主要应以行政边界为标准，向海一侧应以具有完全主权的领海区域为界，这样比较符合海岸带区域经济发展的状况，陆上有利于规划和管理经济，海上有利于权益维护和处理纠纷。

　　基于目前关于海岸带范围没有统一的划分标准，同时为了保证统计资料的可得性和数据的完整性，在参考《中国海洋统计年鉴》等统计资料的基础上，本书研究的海陆经济一体化空间边界是沿海地区的范围，主要参照行政区域标准，向海一侧以中国管辖海域的外界作为边界，向陆一侧以沿海省（市、区）作为统计单元，确定以2003年《全国海洋经济发展规划纲要》划定的11个沿海地区、53个地级以上市作为沿海地区的研究对象（见表2-5）。

表 2-5　中国沿海地区行政区划

沿海地区	沿海城市	沿海县	沿海县级市	沿海区
天津市	1	—	—	1
河北省	3	6	1	4
辽宁省	6	4	7	11
上海市	1	1	—	4
江苏省	3	8	4	3
浙江省	7	11	10	14
福建省	6	11	8	15
山东省	7	6	14	17
广东省	14	11	6	39
广西壮族自治区	3	1	1	6
海南省	2	5	5	3
合计	53	64	56	117

注：沿海地带未包括广东省的东莞、中山和海南省的三亚。

资料来源：《中国海洋统计年鉴2012》。

第三节 海陆经济一体化相关理论

一、系统论

(一) 系统论概述

系统是一个高度抽象的、具有普遍意义的概念,有部分构成整体的意思。系统论中,系统是指相互联系、相互作用的两个或两个以上的要素按照一定的组织、秩序结合(组合)起来,在与外界环境发生关系和关联的过程中,组成的具有特定整体功能的有机整体。这一系统本身又从属于更大的系统,成为更大系统的组成要素,因此,常常把系统的组成要素称为子系统。系统论认为,整体性、关联性、等级结构性、动态平衡性、时序性等是所有系统的共同的基本特征。

系统论形成于 20 世纪 30 年代左右,到 20 世纪六七十年代逐渐受到重视。根据系统论的观点,任何一个系统都由几个基本要素(子系统)所组成,各个要素(子系统)之间既彼此矛盾、自成一体,又在系统的统一约束下,共同受某种规律所作用,实现彼此之间的联系和运动,从而显示出系统特有的整体功能。

按照系统论的角度,世界上任何事物与物质,任何一个自然、社会、经济形态都可以看作是一个完整的系统,系统是普遍存在的。系统论将复杂的自然、社会、经济活动划分为若干处于动态循环状态中的相互联系的各级系统,使得在各个具体单元内部,在有限的资源条件下能够尽可能发挥出最大效益,表现出系统独特的整体优势。

系统论揭示两个基本规律:①系统的总能量大于系统内各要素能量的机械之和;②在各种规律的作用下,系统能够从无序、恶性状态向有序、良性的动态平衡运行状态转化,最终处于动态平衡状态。

(二) 海陆经济一体化系统的构建

海洋开发利用涉及经济、社会、资源和环境等众多因素,是一个庞大的经济—社会—生态复合的复杂系统,既包括技术层面的问题,也有管理措施层面的问题。因此,海洋开发活动必须以系统论为指导,充分考虑海陆系统的关联性和复杂性,力争实现沿海地区的可持续发展和海陆经济系统的良性循环。

在海陆系统中,海洋环境的自然要素流动是依照百万年来地球系统运行规律进行的，其自然要素流动对海洋环境的影响以海水的自净功能等正面效果为主，偶尔会对人类社会产生海洋气象灾害等负面效果。人类社会经济系统的运行规律是人类经过长期活动摸索出来的，其要素流动有时不但会对系统自身产生失业、贫困、产业结构不合理等负面效果，还会对海洋生态环境产生环境污染等负面效果。从这个层面上看，海洋生态环境系统与人类社会经济系统是不平衡的，各种环境问题、资源开发不平衡等正是这种失衡的现实表现。

海陆经济一体化的概念打破了海陆分离的传统思想，综合考虑海陆资源、环境特点的差异，系统考察海陆系统的经济、社会功能，在海陆资源环境生态系统的承载力、社会经济系统的活力和潜力基础上，促进区域社会经济和谐、健康、快速发展。这里的"一体化"体现了系统的概念，海陆经济一体化本身就是系统论在海陆开发领域的体现。

根据系统论的基本观点，海陆经济一体化的实质是通过对构成海陆产业巨系统的子系统的调控管理而达到整体协调状态。借助系统论，根据海陆生产对象及其空间区位特征的差异，构建由海洋产业子系统和陆域产业子系统构成的海陆经济一体化系统。海陆经济一体化是指把分散的海洋产业系统和陆域产业系统统一起来，通过海陆产业系统内部生产要素的自由流动，实现海陆产业关联，进行生产资料集中优化配置，节省生产成本，实现规模经济效益。因此，海陆经济一体化系统是海洋产业子系统和陆域产业子系统的函数。在逻辑上可表述为：

海陆经济一体化系统 = ｛海洋产业子系统，陆域产业子系统｝

用数学语言可以将上述关系表示为：

S = ｛M，L｝

式中，S 表示海陆经济一体化系统，M 表示海洋产业子系统，L 表示陆域产业子系统。

若用 r 表示两大产业子系统之间的关系，R 表示所有关系的集合，M 和 L 中不存在相对于 R 的孤立元，则海陆经济一体化系统可以表示为：

S = ｛M，L，R｝

即海陆经济一体化系统是由海洋产业子系统和陆域产业子系统以及两者之间关系的集合共同构成的。

按照系统论的基本原理，任何系统都蕴含着能量，海陆经济一体化系统所包含的能量是由于其内部的海洋产业子系统和陆域产业子系统相互作用所激发出的总势能，且这一总势能大于系统内部海洋产业子系统和陆域产业子系统的能量的机械之和。

设 E_s 为海陆经济一体化系统所包含的总势能，E_M 为海洋产业子系统所包含的势能，E_L 为陆域产业子系统所包含的势能，E_0 为二者机械相加之和，即 $E_0 =$

$E_M + E_L$，则海陆经济一体化的目标就是追求 $E_s > E_0$，实现经济效益的最大化。

海洋产业和陆域产业两个子系统之间存在各自独特性，促使海洋经济与陆域经济联动发展成为整个经济巨系统向更高级层次演进的必然需要。

海陆经济一体化系统处于最优平衡状态时，系统内部产业结构合理、产业聚合能力强、产业经济运行效率高，最优平衡的实质是指产业之间在物质、技术方面具有较强的互相转换能力和互补关系。在具体的产业发展过程中，当海陆经济一体化系统处于最优平衡状态时，生产、技术、利益、分配等各个方面都处于协调状态，将促使产业系统在整体上形成较高的劳动生产率和较强的产业聚合力，从而更好地促进产业系统一体化的平稳、持续、快速、健康发展。

二、二元经济结构理论

（一）二元结构理论概述

二元论本来是一个哲学概念，是指世界有两种各自独立、性质不同的本原（物质和精神）的哲学学说，后来被借鉴到经济和管理学科中，形成了二元经济理论体系。对于二元经济结构理论研究的代表性人物是美国经济学家刘易斯。

现代工业在传统经济中的出现，标志着发展中国家工业化的起步，然而现代工业只能在某些产业或部门率先形成，其他部门或地区则停留在传统状态，由此形成了现代工业部门与传统部门同时并存的二元经济结构。这种二元经济结构的基本特点可归纳为以下几点：工农产业发展不平衡、社会二元结构、技术二元结构、劳动力结构二元化、生产社会化程度和生产形式的二元化。

1954 年，刘易斯提出了二元经济结构理论，认为发展中国家存在农村中以传统生产方式为主的自给自足的农业经济体系和城市中以制造业为主的现代工业体系两种不同的经济体系。由于发展中国家农村存在大量边际生产率为零或负值的剩余劳动力，导致经济发展水平长期处于低水平，城乡差异广泛存在。而城市现代工业体系可以吸纳农村剩余劳动力，农业剩余劳动力的非农转移，能够促使二元经济逐渐转变为一元经济，使得发展中国家摆脱贫困走上富裕。

（二）海陆二元经济结构

海陆二元经济结构体现在：一方面，现代涉海经济部门（如海洋工程装备制造业、海洋油气业等）在传统陆域经济中，仅在少数产业部门中率先出现，而其他产业或部门仍然停留在传统状态，因此，形成了沿海地区的现代涉海经济部门和传统陆域经济部门并存的海陆二元结构，沿海经济带成为沿海海洋经济与腹地陆域经济相互耦合的复合地带。

另一方面，长期以来，受"重陆轻海"传统观念的影响，海陆发展阶段存在巨大差异，直接导致海陆产品具有很强的互补性。内陆地区以传统产业为主，主要利用当地资源或能源的先天优势，其产品往往具有资源依赖性强、深加工程度不高等特点，而沿海地区"鱼盐之利，舟楫之便"的经济模式与内陆地区农耕、放牧为主的经济模式显著不同，导致了沿海与内陆地区的经济发展的显著差异，体现出了明显的海陆二元经济结构。海陆二元经济结构，从表现上看主要体现为区域结构、产业结构、劳动力结构和技术等方面的二元化。

1. 海陆区域二元结构

海洋与陆域由于受自然条件的制约形成了天然的区域分割，导致资源配置存在天然的不合理。这种天然的资源配置不合理还受地方行业壁垒、市场发育以及企业性质等的不同程度影响，资源流通不畅或成本较高，难以形成资源优势互补，形成了现代涉海经济部门空间分布的不平衡、海陆经济发展的区域不平衡。

现代涉海经济部门一般集中在条件较好的海岸带地区（资源丰富、基础设施较好、产业基础雄厚、技术支撑和服务体系完善等），这些地区的经济总量和增长速度明显快于其他地区，随着经济的发展，沿海与内陆之间的差距越来越大，体现出明显的海陆二元经济结构。

2. 海陆产业二元结构

由于现代涉海经济以巨大的海洋空间、资源能源作为依托，是高投入、高技术、高生产手段、高附加值的产业，传统陆域经济部门是技术水平低下、生产手段落后的产业，因此沿海地区存在劳动生产率较高的现代涉海产业部门与劳动生产率低下的传统陆域产业部门的海陆产业二元经济结构。

现代涉海产业部门率先形成后，通过产业的前向、后向、旁侧带动作用，带动经济结构的转变和经济规模的扩大。海洋产业已经从 20 世纪 60 年代的海洋渔业、海洋盐业、海洋交通运输业，逐步扩展到 90 年代的海水养殖业、海洋化工业、滨海旅游业、海洋工程装备制造业、海洋生物医药产业、海洋新能源等产业部门，与陆域产品类型形成了逐渐增大的异质性，海陆产业结构差异也逐渐增大。

3. 海陆劳动力结构二元化

鉴于海洋资源开发难度高、生产环境恶劣、技术要求高等特点，现代涉海经济部门对劳动力素质、受教育程度要求较高，而传统陆域经济部门对劳动力素质要求不高，劳动生产率低下，劳动的边际生产力为零或负值，导致存在大量剩余劳动力，劳动力海陆间天然不均等化分布，加上中国严格的户籍制度、不完善的社会保障体系，严重阻碍了中国劳动力资源的市场化配置，造成沿海地区劳动力不足与内陆地区劳动力过剩的海陆劳动力的二元结构。

由于涉海经济部门主要在经济发展水平高的沿海地区，较高的工资水平、较多的就业机会、更多的发展空间、相对完善的基础设施等吸引传统经济部门、内陆地区的劳动力不断地趋海性迁移，逐步改善海陆劳动力的二元结构。

4. 海陆技术二元结构

现代涉海经济部门涉海产品丰富、高端产业集中、服务优势较为明显，产品更多地集中在信息化、高科技领域，因此采用的生产技术先进且集约化程度较高，传统陆域经济部门开发土地、石油、煤炭、钢铁等可利用资源，采用的是粗放式的、劳动密集型生产技术，形成海陆最新式的资本密集型与劳动密集型生产技术的二元化。

传统陆域经济部门吸引的众多劳动力，随着可供开发利用的陆地资源的减少，劳动的边际生产力为零或为负，劳动力的工资也停滞在最低水平，涉海劳动力不断提高的工资收入，吸引劳动力从传统陆域生产部门流动到现代涉海经济部门。

（三）海陆二元经济结构一体化

二元经济一元化是经济发展的必然，其转化过程即经济发展的过程。二元经济结构下海陆经济一体化的过程体现在两个阶段：初级阶段的海陆产业关联和高级阶段的沿海与内陆联动。

1. 初级阶段：海陆产业关联

海陆产业关联，主要是通过沿海地区海陆生产要素充分流动、资源优化配置、产业优化协调等，发展具有巨大辐射带动力的海岸带经济，实现沿海地区产业结构优化升级。

海洋产业和陆域产业并不是相对立的，而是呈现出较强的关联对应关系，在海洋经济发展初期，很多海洋产业的开发与陆域产业是混合进行的。随着海洋开发程度的不断加深，纵横向关系在海洋开发活动间逐步建立起来，海洋产业群也日渐成熟。海洋产业可以说是陆域产业在海洋上的扩展和延伸，本质上是陆域生产力系统与生产关系在海洋地理环境下的组合。

现代涉海产业部门在传统陆域产业部门率先形成后，不仅会带动海洋产业规模的扩大及与该海洋产业相对应的陆域产业的发展，而且会通过产业的前向关联、后向关联、旁侧效应、扩散效应等与陆域其他产业形成产业关联效应，对陆域其他产业形成强有力的辐射带动能力。海洋经济的发展水平，在一定程度上也体现了陆域工业经济和科技实力的总体实力。

海洋产业系统与陆域产业系统通过资源能源、人力、资本、技术等生产要素的流动，在沿海地区逐渐形成海陆经济的关联效应，从产业层面看，海洋第一、第二、第三产业与陆域第一、第二、第三产业分别建立起了复杂的产业关联体系。

2. 高级阶段：沿海与内陆联动

沿海与内陆区域联动，即海陆联动，是指海陆经济高度统筹协调发展，通过生产要素在沿海和内陆间的流动，以及海陆产业、技术、经济的区域梯度转移，实现沿海与内陆优势互补、沿海与内陆区域二元结构的一体化。根据增长极的极化效应和扩散效应，沿海地区实现了产业梯度转移、制度模仿移植、技术溢出，内陆地区实现了资源优化配置效率的提高、产业结构的优化升级、科技进步。

二元经济一元化是经济发展的必然规律，二元经济向一元经济转化的过程亦即经济发展的过程。随着海陆产业关联和劳动力的转移，海陆二元经济结构将逐渐实现一体化发展，现代涉海经济部门逐渐扩大，并且占据地区经济的主导地位，传统陆域经济部门将逐渐缩小，成为受涉海经济驱动的现代产业部门。同时，伴随着海陆二元经济结构的逐步消除，整个社会经济生产率和劳动者工资收入将得到提高。

本书主要研究海陆经济一体化的初级阶段海陆产业关联，并且本书实证研究的空间边界是中国的沿海地区，因此本书仅局限于海陆产业关联形成海陆二元经济结构的一体化，海陆经济一体化的评价也从海陆产业关联的角度出发，通过对海陆产业关联评价分析反映海陆经济一体化的发展状况，对于海陆经济一体化的高级阶段，沿海与内陆的区域联动不作为研究的重点。

三、自组织理论

（一）耗散结构理论

耗散结构（dissipative structure）理论是20世纪70年代比利时物理化学家伊里亚·普利高津（I. Prigogine）创立的，用来研究时空中有组织的结构形态通过耗散与外部进行能量交换的过程。在系统（包括经济、社会系统）处于开放、非平衡、非线性的条件下，不断与外界进行物质、能量和信息的交换过程中，系统内部某一参量的变化达到阈值时，通过涨落，系统可能发生突变即非平衡相变，由原来的混沌无序状态向时间、空间或功能的宏观有序状态转变，自动出现一种自组织现象。由于远离平衡的非线性区形成的新的稳定宏观有序结构，需要与外界不断进行物质或能量交换才能维持，被称为"耗散结构"。作为一种动态有序结构，耗散结构是非平衡态下宏观体系自组织的结果。

海陆经济一体化巨系统是一个以自然、社会环境为支撑，以海洋产业子系统和陆域产业子系统为内容的复杂开放性巨系统，不断与外界环境进行着物质、能量和信息的交换，具备典型的耗散结构特征。海陆经济一体化系统的耗散结构特征表现在四个方面：

第一，海陆经济一体化系统是一个远离平衡态的系统。

根据非平衡热力学的研究成果，平衡态是无序的，而非平衡才可能是有序的耗散结构的维持，依赖于系统与外界进行物质、能量和信息的交互，耗散结构只有在开放系统的非平衡条件下才能形成。海陆经济一体化系统作为一个动态系统，一些状态参量如海陆经济总产值会不断随着时空改变，两大产业子系统处于不平衡的发展状态，很明显海洋产业所占产值比重较小，中国直到近年来才仅占1/10。海陆经济一体化系统具有显著差异，随着海洋开发进程的推进，海洋产业链逐渐完善，海洋产业活动间的纵向、横向联系日趋紧密，海洋产业系统对陆域产业系统的依赖性降低，形成了显著的海陆经济两大子系统。海陆经济一体化系统间要素的竞争和合作，导致要素的不平衡发展形成了势能差，在外界环境的驱动下，海陆经济一体化系统出现波动和涨落，驱使海陆经济一体化系统远离平衡态。海岸带地区集中了海陆经济，不断发生竞争和合作，如对于海陆产业用地的竞争和海陆产业链的延伸合作。此外，海陆三次产业之间也存在着竞争和合作关系，多方面的竞争和合作驱使要素间信息流、能量流和物质流的流动，推动系统要素打破无序的状态，逐渐远离平衡态，形成耗散结构。

第二，海陆经济一体化系统间存在非线性相互作用的正负反馈机制。

耗散结构来源于系统内部各要素间错综复杂的非线性相互作用。在非线性系统中，输入的较大变动可能只会引起输出的微小变动，而输入的微小变动却可能导致输出的较大变动。在临界点处，微涨落被放大为巨涨落，系统失稳，越过临界点后，涨落被抑制，系统重新回到稳定的新的耗散结构分支上。对于海洋经济，其发展为陆域经济提供了广阔的发展空间和充足的要素投入，主要体现为资源、能源和空间，进一步促进了陆域经济的发展；陆域经济的发展扩大了对海洋资源、能源和空间的需求，推动了技术在海洋中的应用，极大地促进了海洋经济的发展。海陆经济一体化系统间相互作用的机制是极其复杂多样的，无法用一个甚至一组线性方程来表达其量化关系，但是这种关系可以通过非线性方程表述，如差分方程、微分方程等。海陆经济一体化系统并不是截然对立的，而是紧密联系的有机统一体。

第三，海陆经济一体化系统是一个开放的巨系统。

孤立的系统中，熵值一般随时间增大，达到极大值时，系统进入无序平衡态，因此，孤立系统非耗散结构。开放的系统与外部环境之间存在着物质、能量和信息的交换，可以从外界获取负熵进而抵消自身的熵值，使系统实现从无序状态向有序状态的演进。海陆经济一体化系统构成了海岸带地区经济的整体，是一个包含了大量要素的复杂的巨系统，其子系统呈现多层次、多级别、多类型的特征。海陆经济一体化系统内部除了有海洋和陆域两大产业子系统外（可视为第一层次子系统），各个子系统又包含不同层次的子系统，如海陆三次产业子系统（可视为第二层次的子系统），海陆三次产业下的具体产业部门又可看作更次一级的子系统（可视为第三层次的子系统），具体产业部门又有次一级的企业（可视为第四层次的子系统），企业系统又包含着组织成员、资源要素、管理要素等。海陆经济一体化系统不断与外界环境（自然生态环境、社会文化环境、科学技术环境等）间进行物质、能量和信息的交换，外界环境中的资源、资金、技术等要素输入到海陆经济一体化系统中，经过系统的生产加工，输出各种产品和服务，实现与外部环境的交换，是一个开放的系统。

第四，海陆经济一体化系统内存在涨落。

涨落是指系统在每一时刻的实际测度值与平均值之间的偏差，是偶然的、杂乱无章的、随机的。阈值（临界点）附近的涨落会被放大，以致达到新的宏观态。涨落是使系统由原来的平衡状态演化到耗散结构的最初驱动力，是系统演化过程中发生质变的内部因素，它既是对处在平衡态上的系统的破坏，又是维持系统在稳定的平衡态上的动力。海陆经济一体化系统内存在着微小涨落，一方面，海陆经济一体化系统处在复杂多样化的环境中，在不断进行的与外界的物质、能量和信息交换过程中，受外界环境的影响和制约，形成了随机的微小涨落，如海洋新兴产业受政府产业政策变动的影响发生波动；另一方面，海陆经济一体化系统由于发展历史、空间载体、自然资源禀赋、经济基础等差异，存在各种势能差，形成各种涨落。

海陆经济一体化子系统在远离平衡态时，由于相互间存在着复杂的非线性相互作用，通过开放系统内部的自组织作用以及与外部环境间的物质、能量和信息的交互作用，从外界获取负熵抵消自身的熵值，达到正负熵流的叠加抵消，此时，如果能够通过有效合理的经济政策引导，强化系统的自组织，加强外部环境的负熵流，就能引导海陆经济一体化系统向着时间、空间、功能有序的方向演进，最终达到耗散状态。

（二）协同学

协同学又称协同论，是 20 世纪 70 年代初德国理论物理学家哈肯创立的，随后协同学的研究范围和领域不断扩大。协同学是研究协同系统内各子系统互为矛盾而又互为协调，共同促使系统整体从无序状态演化发展到有序状态的演化规律的综合性、交叉性的新兴学科。协同系统是指由许多子系统组成的、能以自组织方式形成宏观的空间、时间或功能有序结构的开放系统。

系统首先需要外界的信息与能量提高保障，在驱动力的作用下，系统从无序状态演化转变到有序状态才成为可能。系统从无序到有序转变的同时，外部的环境并没有发生根本的改变，因此，这是在固有的环境条件下，系统内部自发组织起来的，并通过各种形式的信息反馈来控制和强化这种组织的结果。

协同系统是由两个或两个以上子系统组成，能够以自组织方式逐渐演变成为宏观上的空间、时间或功能有序结构的开放型系统，海陆经济一体化系统就是由海洋产业系统和陆域产业系统共同构成的复合协同系统。协同论的核心观点系统整体效果大于子系统简单相加的效果，为海陆经济一体化研究提供了理论基础，对构建海陆经济一体化系统具有重要的指导意义。

（三）海陆经济一体化系统的自组织演化

系统的演化性是其普遍特征，演化是系统由一种平衡和稳定状态向另外一种平衡和稳定状态转变的过程。海陆经济一体化系统演化是指海陆经济一体化系统从无序状态演化为有序状态的过程，具有自组织的特性。

自组织理论是非系统构成成分固有的，是系统自行组织起来形成的形态、结构、模式以及呈现出的行为、特性、功能，是子系统自下而上自发产生的，通过子系统的相互作用整体上涌现出来的，系统自组织的产物和效应。系统论认为单个产业系统的发展必定会趋于熵增和无序，所以，海陆经济一体化可能成为海洋经济和陆域经济永续发展的最优路径。利用开放巨系统信息和资源上的互动，达到更高层次的耗散结构，甚至出现突变和分叉，可以更大程度地实现负熵流的引入，促进系统的有序发展（见图2－7）。

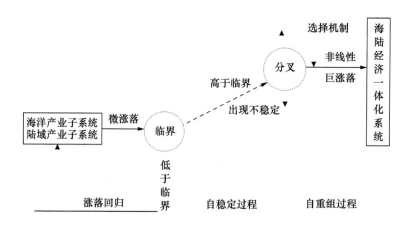

图2－7 海陆经济一体化系统的自组织演化

海陆经济一体化在形成的过程中，存在如下的自组织过程。根据耗散结构理论，当海陆经济系统外部影响因素发生变化，并达到和超过阈值时，会"干扰"系统内部原有的自组织过程，但各子系统之间的非线性作用、协同作用始终存在，随着时间的推移，循环累积，在某个时间序列内，发展为稳定的"新"的有序系统。虽然在无"干扰"的情况下，海陆经济系统也会走向"有序"的状态，但与"新的有序"在形成过程、外在特征以及与外界的交互方式方面都会有明显甚至本质的差异。原有的"有序"状态的维持可能是建立在大量的负熵流入的条件下的，具有"粗放"发展的特征，是以资源、生产要素、环境等的过度损耗为代价的，如果外在的"干扰"是负向的，则会增强其"粗放"发展的特征与路径，虽然短时间内对于区域或者海陆经济系统自身来说，表面上可以看到一定的正效应的存在，但实质上发展不可持续；如果外在的"干扰"是正向的，表面上似乎放缓了系统发展的进程，但从长远来看，发展可持续，对资源、生产要素、环境的消耗在合理的范围之内，海陆经济系统与外界条件协调度较高，当系统达到一个"新的有序"状态时，也会显现出"一体化"发展的特征。根据协同学，在海陆经济一体化演化的过程中，微观个体自发地协同合作、相互竞争，不断交替、互为因果，推动系统的发展和变迁。

海陆经济一体化系统的演化要经历量变的渐变和质变的突变两种状态。渐变和突变带来的涨落是引起海陆经济达到有序的一体化的主要原因。由于海陆经济一体化系统各种资源禀赋的非均衡化分布，生产要素在海陆经济一体化系统间产生跨部门、跨区域的流动带来重新组合和新的集聚，被称为涨落。涨落可分为微涨落和巨涨落，当经济要素达到或超过某一临界值，微涨落就会演化成巨涨落。涨落对稳定状态的海陆经济一体化系统是一种干扰，会引起海陆经济一体化系统运行轨道的混乱，但对于不稳定临近状态的海陆经济一体化系统，可能不衰减，反而放大成为巨涨落，使得产业系统从不稳定状态跃升为新的有序稳定状态。

海陆经济一体化系统从无序转化为有序的关键在于海陆子系统间的非线性相互作用，其演化是通过协同作用依靠自组织特征达到的有序状态。海陆经济一体化系统的稳定平衡状态既可以演化为非稳定平衡态，也可以演化为新的稳定平衡态，随着稳定平衡系统的参数达到某一临界值范围，海陆经济一体化系统进入不稳定状态，涨落形成后，又逐渐演化到新的稳定平衡态，对于远离平衡的非线性区域，海陆经济一体化系统的微小变动，都有可能形成巨涨落，带来产业系统跃升到新的稳定平衡状态。因此，海陆经济一体化系统的自组织就是具有一定功能的非线性系统从远离平衡的混沌无序转变成规则或不规则的有序的过程，自组织是海陆经济一体化系统的内部演化机制。

四、产业关联理论

(一) 产业关联理论概述

产业关联，又称产业联系，指产业间以各种投入品和产出品为连接纽带的技术经济联系。按照产业之间供给与需求的联系，产业关联可以分为前向关联、后向关联和环向关联。这种产业之间的联系包括产品（劳务）联系、生产技术联系、产业间的价格联系、产业间的投资联系等。产品（劳务）联系表现为一些产业为另一些产业提供产品或劳务，或者产业部门之间相互提供产品或劳务；生产技术联系表现为具有关联性的一种产业对其他产业的生产技术特点、产品结构特性、产品标准和质量等具有一定的要求，一种产业的生产技术发生变化，会影响关联产业生产技术的变化；产业间的价格联系是产业间产品和劳务联系的价值量的货币表现，这种价格联系使得生产具有替代性能产品的产业引入了竞争机制，为产业间的联系注入了竞争活力，从而有助于成本费用的节约和社会劳动生产率的提高；产业间的投资联系指社会大生产是在各产业产品或劳务按一定比例的供需关系为联系的基础上进行的，产业间的投资联系要求相关产业必须协调发展，某一产业的发展必然受到相关产业的制约。

产业关联理论，又称产业联系理论或投入产出理论，侧重于研究产业的投入与产出间的依存关系。产业关联理论的创始人为里昂惕夫，20 世纪 40 年代其代表性著作《美国的经济结构 1919～1929》对于投入产出理论的基本原理及其发展进行了系统阐述，产业关联理论正式形成，它是"把一个复杂经济体系中各部门之间的相互依存关系系统地数量化的方法"。

（二）海陆产业关联构建

海陆经济一体化的基础是海陆产业系统间资源和服务的互补，核心内容是海陆产业系统的关联。海洋产业与陆域产业间的联系较庞杂，从产业关联的角度可以测度各产业之间的内部关联程度。由于海洋各产业部门间以及海洋产业与其他非海洋产业间存在着错综复杂的联系，因而某一海洋产业部门的技术、产品价格、工资水平等任何变化，都会直接影响与该海洋产业有直接供求关系的产业部门（包括海洋产业和非海洋产业）产品的供求量、成本与价格的变化，并波及其他产业部门，尤其是产业链长而复杂、关联度高的部门。很多海洋产业都具有长而复杂的产业链，产业关联度高，对区域经济的支撑和带动作用十分巨大，如港口和海洋交通运输业、海洋船舶工业、海洋油气工业、滨海旅游业等。在与海洋产业关联密切的陆域产业发展较好的地区布局海洋产业，通过与现有陆域产业形成产业链联系，不仅有利于充分利用当地资源，使海洋产业在短期内发展壮大，也可以进一步促进当地陆域产业的发展。从产业关联角度看，海陆经济一体化本质上是陆域产业如何带动海洋产业或海洋产业如何带动陆域产业发展，形成海陆产业系统的要素自由流动的问题。因此，产业关联理论对于研究海陆经济一体化问题具有重要的指导作用。

海洋产业系统和陆域产业系统在产业要素、产业结构、产业布局和产业制度间形成了复杂的关联关系（见图 2-8），各元素之间相互作用、相互关联、彼此影响并对经济结构或经济规模产生本质上的扩散效应。海陆产业系统及其要素的良性关联状态被称为海陆产业系统的协调，是海陆产业系统及其要素之间配合得当、和谐一致、良性循环的关系，海陆产业系统的耦合协调状态即海陆经济一体

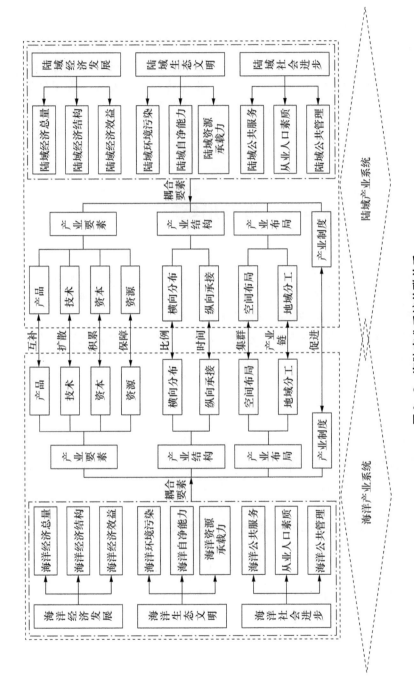

图 2-8 海陆产业系统关联关系

资料来源：李健，滕欣．天津市海陆产业系统耦合协调发展研究 [J]．干旱区资源与环境，2014（2）：1-6.

化的程度可以用耦合度和耦合协调度来反映。

随着海洋经济的发展，在依托陆域现有经济技术开发海洋资源的同时，形成资源、技术、劳动力海陆间转移和扩散，海陆产业关联发展的态势明显。一方面，海岸带建立各种海洋开发基地和海洋产品加工业，进行海洋初级产品的深加工，以提高其技术附加值，海洋开发由海上向陆域转移和推进；另一方面，陆域产业依托临海区位优势，建立临海型工业经济技术开发区，发展外向型经济，促进海内外资金和技术向沿海地区流动和集聚。这两方面的相互作用，把海洋资源和陆域资源、海洋产业及相关产业相互结合起来，带动沿海地区的经济发展。

第四节　本章小结

本章通过相关概念梳理、概念内涵界定及相关理论分析，研究了海陆经济一体化的理论基础。研究海陆经济一体化，首先必须明确海洋经济、海洋产业等概念，明确海洋产业作为海洋经济的核心及其主要的分类方法。

关于海陆经济一体化，本章对其相关理念演进进行了梳理，并对代表性的观点进行了分析，海陆一体化与海陆统筹，既存在联系，又存在观察视角、层次和内容等方面的区别。海陆经济一体化从内涵上看，体现在资源利用、产业发展和空间战略三个方面，其区域研究范围主要参照行政区域标准，向海一侧以中国管辖海域的外界作为边界，向陆一侧以沿海省市区作为统计单元。

关于海陆经济一体化的相关理论，本章主要从系统论出发构建了海洋产业系统和陆域产业系统以及海陆经济一体化系统，后者能量远远大于前两者的能量之和；分析了海陆二元经济结构特征，构建了海陆二元经济结构一体化；从耗散结构理论、协同学、自组织理论出发，研究海陆经济一体化的耗散结构和自组织演化特征；从产业关联理论研究海陆产业系统的关联关系，在理论创新的基础上，为后文研究奠定了理论基础。

第三章 海陆经济一体化的动力机制

海洋经济在一定程度上可以说是陆域经济活动在海洋上的延伸。海洋资源的深度和广度开发，需要有强大的陆域经济作支撑；海洋经济发展中的制约因素，只有在与陆域经济的互补、互助中才能逐步消除；海洋资源优势只有在与陆域产业联动发展中，在与全国的生产力布局紧密结合中才能得到充分的开发和利用。海洋开发的初期阶段，较多的是在陆域产业系统的基础上，融于或依托陆域产业系统发展起来的。随着海洋开发进程的加快，海陆关系越来越密切，海陆间建立的资源互补性、产业互动性、经济关联性不断增强，海陆经济一体化趋势越来越明显。随着海洋开发的推进，海洋经济逐步建立起海洋产业系统内部以及与陆域产业系统相关的横向交叉与纵向链式的关联关系，海洋产业系统日趋成熟，与陆域产业系统的关联性和差异性逐渐显现，正是海陆产业系统的关联性、差异性（势能差），促使了海陆经济一体化的形成和发展演化。

第一节 海陆产业系统的关联性

海陆产业系统具有紧密的关联性。首先，海洋产业系统对于陆域产业系统具有依赖性。海洋资源的开发，海洋产业的发展，依赖于陆域产业系统的强大支撑，陆域经济发达的地区，其海洋经济基本上也相对发展较好，如上海、辽宁、浙江等地区；海洋经济发展过程中的各种制约因素，如资本、人才和技术等要素，需要依托陆域产业系统的支撑，只有海陆产业系统间实现要素的自由流动达到互补才能促进海陆产业系统的共同发展。其次，陆域产业系统对于海洋产业系统具有依赖性。陆地的发展空间已经十分有限，要想实现进一步的发展，必须依托海洋产业系统的空间和能源资源的支撑，依靠海洋的优势和蓝色国土的开发。

随着海陆经济一体化的发展，海陆产业系统间的密切联系不容忽视，尤其是随着科学技术的迅猛发展，陆域产业系统向海洋的延伸不断深入。海陆产业系统的关联性主要表现在海陆生产要素的共有性和流动性、海陆产业的关联对应关系以及海陆产业系统的互依共存关系三方面。

一、海陆生产要素具有共有性和流动性

产业系统的运行必须依托生产要素进行物质转换和能量传递，实现生产活动和产业循环，没有生产要素的载体和纽带作用，产业系统就无法正常运行。海陆产业系统的运行都必须依赖资源、劳动力、资本、技术、人才和信息等生产要素，因此海陆产业系统的生产要素具有共有性。其中，资源、劳动力和资本三大要素是有形要素，也称"硬性要素"，是保障产业系统的物质基础；技术、人才和信息是无形要素，也被称为"软性要素"，是产业系统发展潜力的表现。

生产要素的流动性是产业系统循环运作的保障，产业活动能够进行，其根本原因就在于生产要素带来的产业循环，有了生产要素的流动，各个产业之间才能够进行沟通、衔接和关联；有了生产要素的流动性，才有了生产运作和产业循环，才形成了产业系统。生产要素的共有性是产业系统存在的前提，生产要素的流动性促进了产业系统的形成。

海陆产业系统中生产要素的流动性体现为产业间和地域间的双重意义。由于产业具有分类上的差别、空间布局的差异，因此，生产要素在流动中就具备产业间和地域间的双重特征。正是由于生产要素所具有的流动性，海陆产业子系统内部各产业才能不断进行流通、衔接和关联，并不断推进陆域生产要素向生产效率更高的产业和地区集中，推动海洋科技成果的产出，促进海洋经济由资源依赖型向资本、技术和知识依赖型转变。

海陆产业部门间互相提供产品、原材料、能源、劳动力、资金等生产要素，一方面，某些海洋产业部门为陆域产业部门提供生产要素，如渔业捕捞为水产品加工业提供原料。另一方面，某些陆域产业部门为海洋产业部门提供生产要素，如装备制造业的发展，尤其是工程装备制造业和船舶工业，极大地促进了海洋油气业和海洋交通运输业的发展；海洋战略新兴产业的发展，也吸引了很多陆域资金、劳动力、科技等生产要素融入现代涉海经济部门。

通过产品的联系和产业的关联，海陆产业部门间实现资源、资本、劳动力、技术、信息等生产要素的流动以及原材料、半成品和成品的流通。海陆产业系统的生产要素，根据其各自特征不断进行交流和互补，实现资源优化配置，促进海陆产业关联、经济互动以及海陆经济的一体化发展（见图3-1）。

劳动力是各生产要素中最活跃的因素，劳动力收入水平的差异、城市劳动市场短缺的需求、个人的发展机会和空间的大小、良好的生活环境和工作条件（尤

其是良好的企业文化氛围）等均促使劳动力要素在海陆产业系统间流动。

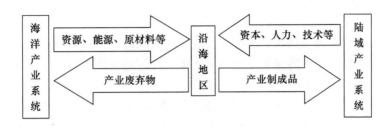

图 3－1　海陆产业系统要素交流示意图

　　资本要素在海陆产业系统间流动，主要原因在于分散风险和经济效应最大化的驱动。一方面，资产的多样化可大大降低风险，诱使投资者拥有不同的资产，包括不同地区的资产；另一方面，由于海陆区域间利益的差异引起资本在区域间流动，资本从利率低的地区流向利率高的地区，直到利益的差异消失为止。

　　技术要素在海陆产业系统间的流动主要通过以下方式实现：在海陆产业系统间进行生产资料或中间产品的流通、循环的过程中，同步进行着产业间技术的转移传播。通过对产业运行中所涉及的信息的买卖，实现技术在海陆产业系统间的转移传播。通过人作为技术在海陆产业间传播转移的媒介，通过具有专门技能和内涵知识的人员提供的服务进行技术转移：安装某生产系统，解决设备启动过程中的有关问题，进行生产计划与管理质量控制，维护专业机械与设备等。

　　信息作为智能型的生产要素，在海陆产业系统间的流动对促进海陆产业的发展起着十分重要的作用。通过信息在海陆产业系统间的流通，可以促使生产要素在海陆产业系统间得到最有效的配置，从而使产业效益呈指数形式递增。同时信息的交流和传播还沟通了生产力系统与外界环境的联系，使系统得到更好的发展。

二、海陆产业之间具有关联对应关系

　　根据海陆产业结构的划分，无论是海洋产业对陆域产业还是陆域产业对海洋产业，海陆三次产业间存在关联对应关系。海洋产业和陆域产业之间并不是相对立的，而是呈现出较强的相互对应关联关系，在海洋经济发展初期，很多海洋产业的开发与陆域产业是混合进行的，随着海洋开发程度的不断加深，纵横向关系在各项海洋开发活动之间逐步建立起来，海洋产业系统也日渐成熟。海洋产业可以说是陆域产业在海洋上的扩展和延伸，本质上是陆域生产力系统与生产关系在海洋地理环境下的组合。

海洋三次产业同陆域三次产业分别形成了密切的关联对应关系。现代涉海产业部门在传统陆域产业部门率先形成后，不仅会带动海洋产业规模的扩大、与该海洋产业相对应的陆域产业的发展，而且会通过产业的前向关联、后向关联、旁侧效应、扩散效应等与陆域其他产业形成产业关联效应，对陆域其他产业形成强有力的辐射带动能力。海洋经济的发展水平，在一定程度上也体现了陆域工业经济和科技实力的总体实力。

海洋第一产业与陆域三次产业通过生产要素的流通，建立了复杂的产业体系，产业之间形成了复杂的关联对应关系。例如，海洋渔业与陆域三次建立的复杂产业体系，形成的关联对应关系如图3-2所示。海洋渔业与陆域农业、牧业、渔业由于饲料、肥料的相互提供以及陆域对海洋提供的饲养技术、捕捞技术，海洋渔业与陆域第一产业存在关联对应关系；海洋渔业为陆域食品加工、纺织、化工、制药提供原材料，陆域机械制造为海洋渔业提供机械技术，海洋渔业与陆域第二产业存在关联对应关系；海洋渔业为陆域运输业、水产服务业、仓储业、旅游业提供流通，信息产业为海洋渔业提供市场信息等情报服务，海洋渔业与陆域第三产业存在关联对应关系。

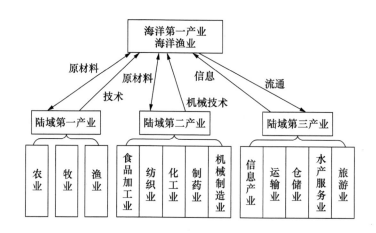

图3-2 海洋第一产业与陆域三次产业的关联对应关系

海洋第二产业与陆域三次产业通过生产要素的流通，建立了复杂的产业体系，产业之间形成了复杂的关联对应关系。例如，海洋油气业、海洋盐业、海洋船舶工业与陆域三次产业形成的复杂关联对应关系如图3-3所示，海洋油气业为陆域第一产业提供设备，海洋油气业为陆域第二产业的机械工业提供能源、为化工业提供原材料，陆域石化工业为海洋油气业提供生产技术，陆域第三产业的地质勘探业、综合技术服务业、科研与技术服务业、交通运输业、信息业为海洋油气业提供流通服务；海洋盐业为陆域第一产业的畜牧业提供食盐供牲畜食用，为陆域第二产业的化工业提供原材料，为陆域第三产业的交通运输业提供货流，为科技服务业提供技术支持；海洋船舶工业为陆域第一产业提供产业和货源，为陆域第二产业的机械工业提供机械、零部件和技术，为陆域第三产业的交通运输业提供产品、为科技服务业提供技术支持。

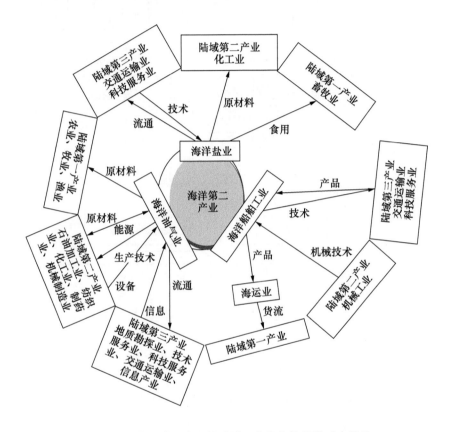

图 3 – 3　海洋第二产业与陆域三次产业的关联对应关系

海洋第三产业与陆域三次产业通过生产要素的流通，建立了复杂的产业体系，产业之间形成了复杂的关联对应关系。例如，海洋交通运输业、滨海旅游业与陆域三次产业形成的复杂关联对应关系如图 3 – 4 所示，海洋交通运输业为陆域第一产业提供货物，为陆域第二产业的机械制造业提供设备、为能源业提供能源，为陆域第三产业的交通运输业实现联合运输、为科技服务业提供技术支持；滨海旅游业为陆域第一产业提供了旅游资源，陆域第二产业的建筑业、制造业和加工业为滨海旅游业提供了产品，滨海旅游业与陆域第三产业的旅游业可以实现联合开发，与陆域餐饮、零售、服务、交通、信息等产业可以通过联动形成关联对应关系。

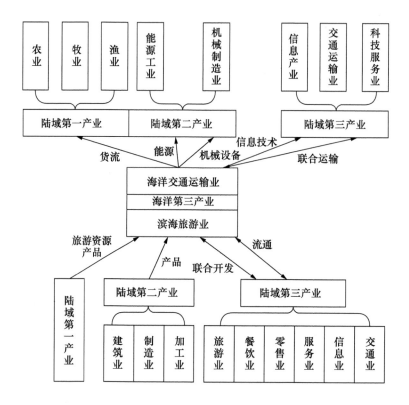

图 3 - 4　海洋第三产业与陆域三次产业的关联对应关系

三、海陆产业系统具有互依共存关系

海洋产业系统与陆域产业系统并不是彼此孤立的，无论是在时间上、空间上还是在产业上、技术上，二者都是共同存在的，共同存在于区域经济巨系统之中，共同构成区域经济发展的两个重要支柱，海陆产业系统间存在着较强的互依共存关系。

（一）海陆产业系统时空上的互依共存性

海陆产业系统在时间上，共同存在于同一时间横断面，在时间上具有对等性；在空间上，并不是各自为政、互不相关的，在空间上具有相互依赖性。

一方面，海洋是陆地的自然延伸，海洋产业活动对沿海陆地空间具有不可脱离的依赖性。这是因为在当前技术经济条件下，虽然海洋经济的资源及其开发来自海洋，但是海洋产业系统内各个产业部门的布局仍然主要落在沿海陆域空间，海洋产业活动对沿海陆地空间具有很强的依赖性。在海洋开发活动中，海洋盐业和海水利用业等海洋产业，完全在陆域完成所有的生产环节；海洋渔业、海洋交通运输业、海洋油气业、海洋矿业等海洋产业，虽然生产过程在海上，但是也必须建立相应的陆地上的生产基地，完成其他环节的生产活动。另外，海洋开发的相关技术和配套设施也均是从陆域相关产业中直接或间接获得的。

另一方面，沿海地区陆域产业的发展对海洋资源和海洋空间表现出越来越强的依赖性。陆域产业的发展已经面临能源、矿产资源、水资源的缺乏，急剧膨胀的人口也面临食物和生存空间的危机。海洋中的海底矿物、能源储量和生物资源蕴藏量远比陆地丰富，而且地球表面的70%是海洋，平均深度400米，同陆地相比是一个立体化的空间，海洋资源和海洋空间已经成为陆域产业和人类发展的前景基地。

海陆产业系统由于具有不同的承载空间特点，具有时空上的相互依存共生性，必须彼此依靠才能充分发挥各自的资源优势，实现资源最优化配置。

（二）海陆产业间强烈技术经济互依性

海洋产业具有海陆两栖性，海洋经济的发展依赖沿岸陆域经济的高度发展和技术的高度发达，如海洋渔业和海洋油气业等海洋产业的开发与发展，建立在陆域经济强大的造船业、钢铁业、电子工业、机械制造业等产业高度发展的前提下；海洋油气业的发展，需要陆域冶金工业、造船的海上平台、运输业、化工业、机械制造业、电子仪表业等技术高度发达的相关产业的支持，以及海洋调查勘探、深海工程、海上建筑、海洋环境保护、海上救捞、海洋预报等一系列海洋相关产业的支撑。

陆域空间向海洋的扩展和延伸，反映出科学技术的重要地位，科技的日新月异，不断增强人类认识海洋、开发海洋的能力，从一定程度上说，科技成果在海洋经济领域的推广和应用，是实现海洋资源开发利用及产业化的"陆地化"过程。海洋战略性新兴产业的发展是陆域高新技术产业的成果扩散和推广的结果，海陆产业通过科学技术的纽带作用实现了互动延伸，促进了海陆经济效益的提升。

第二节 海陆产业系统的差异性

一、承载空间的差异

海洋作为连续的、永不停息运动着的水体，与陆域环境存在明显的不同，这为海洋经济活动区别于陆域经济提供了特殊的、自然的承载空间，具体表现为以下几个方面：

（一）海洋资源的公有性和流动性

海洋是流动着的水土，是人类共有的资产，作为生活在海岸附近的居民，都享有"鱼盐舟楫"之利。虽然联合国海洋公约为国家划分了专属经济区和领海，但远不如陆域国土的约束力，且大部分是没有进行划分的公海，作为人类共同的财富，大规模的海洋勘查、开发等活动，需要各国间的协调合作。

海洋资源也不断沿着水平和垂直方向移动，并不是静止不动的，比如溶于海水的矿物、污染物等随着海水的流动发生位移，部分鱼类等海洋生物会发生洄游现象，这导致国家海洋疆域内的海洋资源的保护、海洋环境污染的治理等活动，仅仅依靠本国力量是不能完成的，国际海洋资源的开发、海洋环境的治理、海域的管理等，需要国际合作才能实现。

（二）海洋开发难度大且技术要求高

由于海洋特殊的自然基础，所有的海洋开发活动必须受到严酷的海洋环境条件限制，如海面开发面临海水、台风、恶浪等灾害性海况，水下开发面临黑暗、高压、低温、缺氧等挑战。因此，海洋开发要求人类必须借助各种作业平台、运载工具、潜水设备、航海定位设施、海洋设施系留装备等辅助设施、设备和平台才能进行，且这些辅助设施、设备和平台对于材料、质量、三防技术等的要求也远远高于对陆域相应设施的要求。

（三）海洋开发的风险大且成本高

海洋自然环境条件严酷，加之人类对海洋环境变化规律的认知程度不够，因此，海洋开发活动的危险性要远远高于对陆域的开发。虽然大规模的海洋开发可以从 20 世纪 60 年代算起，但海洋仍然是新兴的开发领域，且海洋的开发从浅海到深海逐渐深入，特殊的自然环境条件使得海洋开发的平均成本远远高于对陆域同类资源的开发，如海底石油钻探费用约为陆域石油钻探费用的 5 倍，海水淡化的平均成本也比远距离的输水成本高。

二、结构演化的差异

全球经济由陆域经济与海洋经济两部分组成。海洋产业具有与陆域产业不同的结构演变规律，存在着明显的结构性差异，其主要标志是海洋产业结构的演变滞后于陆域产业。在初始发展阶段，陆域产业的第一产业大于第二产业，第二阶段则表现为第二产业高度发达。进入第二个发展阶段后，海洋产业则表现为第一、第二、第三产业结构比重相近的情况，即海洋第一产业（主要是海洋渔业）仍占有相当大的比重，海洋第二产业的比重较低。

海洋资源丰富，但是自然环境恶劣、生态脆弱、经济属性独特、自然、经济和社会因素的交织互动，导致产业布局不平衡这一矛盾在海洋产业发展过程中表现得更加突出，解决起来难度也更大。海洋产业与陆域产业出现结构性差异的深层次原因在于建立海洋工业体系的难度较大，技术水平要求高，因而造成海洋产业滞后于陆域产业发展。直接从海洋中摄取产品的海洋捕捞业等海洋第一产业，以及可直接利用海域空间的海洋交通运输业和滨海旅游业等海洋产业，都较容易形成产业规模。

海洋工业是技术密集型的高科技产业，表现出对科技和陆域相关产业的强烈依赖性。同时，由于海洋严酷的环境条件制约，海洋工业对上述产业的材料性能和技术要求也比陆域相应的部门苛刻得多，多种因素导致了海洋产业中的第二产业比重较低。

第三节　海陆产业系统间的势能差

根据系统论的核心观点，任何系统都是各子系统相互关联、相互作用形成的有机整体。海陆经济一体化是在海陆产业子系统各自的能量作用下，子系统内的各要素相互作用、相互影响积累起来的整体，而海洋产业系统和陆域产业系统由于自然资源禀赋、历史发展、空间载体、经济基础等因素的存在，不仅要素存在差异，能量总和及能量分配上也存在诸多差异，这些差异使得海陆产业系统存在势能差。因此，海陆经济一体化的原动力是海陆产业子系统彼此提供产品和服务，一体化促进系统内部生产分工、专业化协作及区域技术经济合作，极大地提高了劳动生产率。

一、由海向陆的能量梯度

海洋开发的最初动力源于国民经济发展的需要，源于存在由海向陆的能量梯度，如海洋交通运输业的发展直接源于国际贸易的需要，海洋油气业、海水淡化业的发展动力源于国民经济发展过程中陆域能源和水资源的不足。由海向陆的能量梯度，即势能差，主要体现在海洋拥有较陆域更为丰富自然资源和更广阔的可利用空间。

（一）自然资源禀赋

海陆产业系统在自然资源禀赋所带来的能量上的差异是巨大的。浩瀚的海洋占地球表面积的70%，赋存着丰富的自然资源，目前已经被开发利用的比例还很小，随着人口激增和社会经济的发展，陆域空间日益拥挤，陆域资源被过度开发利用，陆域资源出现短缺甚至枯竭，海洋在自然资源赋存方面存在明显优势。海洋产业系统依赖于海洋，并从海洋这个资源宝库中获取极为丰富的自然资源，并且目前已经被开发利用的海洋资源只占海洋资源总量的极小部分，这与陆域资源的过量开采利用是截然不同的。因此，从宏观角度看，海洋产业子系统在海陆经济一体化系统自然资源禀赋方面存在明显优势，从海到陆在自然资源上存在着势能差。

中国海域辽阔，海洋水产、海盐、海洋矿产、海洋地下石油天然气资源、海洋能源等海洋资源都十分丰富，并且当前对海洋资源的开发利用程度较低，未来开发利用海洋资源的前景十分广阔。陆域资源的枯竭，将进一步加快人类开发海洋资源的步伐。

（二）可利用空间

在可利用空间上，同自然资源一样，海洋产业子系统的优势也是极为明显的。"三分陆地，七分海洋"，海洋占地球表面积的71%，陆地面积仅占29%，其中陆地占的29%还包括湖泊、河流、冰川等，海洋空间远远大于陆地，且大多数处于未开发的初级阶段，发展空间十分巨大。《联合国海洋法公约》规定，中国拥有的海洋国土面积是299.7万平方千米，海岸线长度为1.8万千米，中国是一个海洋大国①，海洋空间优势十分明显。目前，中国对于海洋国土的开发利用率仍然较低，海洋经济还拥有巨大的可开发利用空间。因此，海洋产业子系统在海陆经济一体化系统可利用空间方面存在明显优势，从海到陆在可利用空间上存在着势能差。

二、由陆向海的能量梯度

海洋经济的发展程度与陆域经济发展实力存在着非常强的正相关关系，一般海洋经济发达的地区，其现代化程度、陆域经济发展的程度也较高。由于海洋经济发展的起步较晚，目前还处于起步阶段，且经济基础较为薄弱，存在着由陆向海的能量梯度。

（一）发展阶段

陆地作为人类生产和活动的主要场所，一直是经济发展、产业布局的主要载体，陆域产业系统具有源远流长的发展历史。由于长期以来传统的"重陆轻海"思想观念的影响，加上开发海洋、发展海洋经济，较多地受到科技发展水平的影响和制约，海洋经济的发展远远滞后于陆域经济。直到20世纪90年代，大规模

---

① 汕头日报. 提高海洋意识 共圆蓝色中国梦 [EB/OL]. http://tech.gmw.cn/newspaper/2014 -08/25/content_ 100167150. htm, 2015 - 05 - 10.

的全球海洋调查和探险活动陆续展开，近代海洋经济才逐步发展起来。陆域经济的发展从时间上早于海洋经济较长一段时期，相较于陆域经济，海洋经济的发展依然处于起步阶段，仅仅传统海洋产业实现了一定发展，而陆域经济发展已经进入成熟阶段。陆域经济具有远超海洋经济的发展史。

陆域产业长期以来的发展，积累了较为丰富的开发经验，具备雄厚的经济基础，可以为海洋产业的开发，尤其是现代海洋经济的发展提供良好的基础，并可避免海洋开发的一系列问题，尤其是海洋经济发展与资源、环境的协调问题。海洋产业系统可以充分利用陆域产业系统在发展阶段上的能量梯度，发挥后发优势，实现海洋经济的快速发展。

（二）经济基础

海洋产业的发展起步晚，目前尚处于起步阶段，因此海洋产业的经济基础相对来说还比较薄弱，这在一定程度上也是开发历史原因引起的，而陆域有部分产业部门已经相对成熟，产业资本优势也较为明显。陆域产业子系统在海陆经济一体化系统中在经济基础上具有明显优势，存在由陆向海的势能差，这种势能差客观上要求海陆产业系统之间不断进行资本、技术、人才、信息等各方面的交流，尤其是资本的流通，发挥陆域产业系统成熟产业部门的优势，与海洋产业领域形成互动，促进海洋经济的发展。

海陆产业系统在自然资源禀赋、可利用空间、发展历史、经济基础等方面的差异，存在着生产要素在二者之间互相流动的能量梯度，在自然资源禀赋、可利用空间上，海对陆有"正势差"，在发展历史、经济基础上，陆对海有"正势差"。也就是说，海洋中的资源宝库宏大且开发利用不足，可以为陆域经济发展提供大量新型原材料、新能源和广阔的开发空间；陆域经济发展历史悠久，经济基础雄厚，可以在技术、资本、管理经验等方面支援海洋经济。而海陆经济一体化的最终目标，是使海洋及其邻近陆域形成互为条件和优势互补的经济发展统一体，获得系统效应。

第四节　经济效益最大化的驱动

一、节省交易成本

交易成本概念由科斯于 1937 年在《企业的性质》一文中首次提出，目前已经成为新制度经济学的核心范畴。交易成本的构成主要包括搜寻信息成本、达成合同谈判成本、签订合同契约成本、监督合同履行和违约后寻求赔偿的费用，即一切不直接发生在物质生产过程中的成本均可视为交易成本。

海陆产业系统作为两个独立运行的产业系统，由于信息不对称、管理体制分割等因素的存在，在生产过程中，存在大量的交易费用，如港口和城市，虽然有着内在的相互依赖性，由于分属不同的、相对独立的利益主体，在很长的时间里，属于不同系统，虽然内部存在相互依赖性，但在资源稀缺和双方利益不一致时，竞争和博弈在所难免。

海陆产业系统由于属于不同系统，存在着激烈的竞争，首先，在使用空间上，海岸带地区是海陆产业发展的必争之地，各利益相关者不断地在海岸带地区开发过程中发生冲突，导致海岸带地区出现环境污染、生态失衡、生物多样性减少等多种问题。其次，海陆产业系统对生产要素的竞争也十分激烈。由于生产要素的使用和分配具有独占性、排他性，产业对于生产要素具有垄断性的特点，而生产要素在特定时间、特定区域的总量是有限的，一定数目的资本、劳动力或者一定量的某种资源投入到 A 产业中去，在一定时间内 B 产业就会丧失对这些资本、劳动力和资源的使用权，因此，竞争在所难免，竞争和博弈的存在导致大量交易成本的产生。竞争关系如果处理不当，就会升级成互损关系，严重影响海陆产业系统的各自利益，成为海陆经济开发的极大障碍。

交易成本学派认为，通过一个组织，让某个权威来支配生产要素，能够以比市场外购更低的成本来实现同样的交易。一体化的经济由于地理上接近、文化上相似、市场结构上互补，创造了相对自由的贸易环境，劳动力和资本等生产要素可以在更广泛的区域内获得，商品可以在更广阔的市场低壁垒或无壁垒地销售，可以有效地降低交易成本和违约风险。通过海陆经济一体化，把海陆经济活动间的外部交易变成了内部合同和分配制度，原来互相竞争、讨价还价的陆域经济主体和海洋经济主体，海陆系统间有利益差别或利害冲突的当事人，在一定程度上成为利益共同体，外部竞争变成了"内部交易"，产生了新的目标函数，可以统一调整行为，通过内部补偿，部分地消除外部性，大大减少交易成本，节省外部交易费用。在沿海地区，通过海陆经济一体化，把海陆经济活动间的外部交易变成内部合同和分配制度，节约了成本，如港口和保税区的联动，大大减少了货物的通关时间，降低了成本。

二、负外部性内部化

经济外部性指经济主体的经济活动对他人或者社会造成市场化的影响，分为正外部性（外部经济）和负外部性（外部不经济）。正外部性是指某个经济行为个体的经济活动使他人或社会受益，而受益者不用花费任何代价。负外部性是指某些企业或个人因其他企业和个人的经济活动而受到不利影响，又不能从造成这些影响的企业和个人那里得到补偿的经济现象。例如，江河上游企业排放污水，造成下游农作物的歉收、农业的减产；钢铁厂排放的烟雾及含硫气体损害当地人的财产和健康，排污企业自身创造财富，同时损害了周边的个人和单位，产生了"外部成本"。

海陆产业系统作为两个独立运行的产业系统，两者相互关联、相互作用和影响，不可避免地会产生经济外部性。例如，港口基础设施的改进，会给大型集装箱船舶的停靠带来方便，带来正外部性；航道扩大和围海造地影响了海域水质，对养殖户造成危害，却没有为此支付成本，属于负外部性。由于外部不经济带来的成本不用自身承担，因此经济主体倾向于"外部不经济"的行为，而外部经济带来的收益不能为经济主体所独占，企业在一定程度上不愿意做出"外部经济"的行为。海洋资源具有公共性和不可分割性的特点，造成产权较难界定或者界定成本非常高，带来消费中的非排他性、非不可分性和"搭便车"问题，经济主体就不具有节约使用资源环境的动力。

在沿海地区，促进海陆产业关联发展，就是要消除海陆经济活动的外部性，尤其是负外部性，海陆经济一体化发展是实现这一目标的有效途径。通过海陆经济一体化，把海陆系统间有利益差别或利害冲突的经济主体组织为某种程度的利益共同体，在一定程度上将外部关系变为内部关系，可以部分地消除外部性。例如，海域污染是典型的陆域经济活动负外部性的结果，在当前海陆分割、条块交错的体制下，依靠总量控制的海洋环境管理缺乏效率。陆域生产企业在向海洋排污的过程中，没有考虑对依靠海域从事生产经营活动的企业的影响，更没有承担相应成本。通过海陆一体化调控，建立环境资源产权制度，可以将外部不经济内部化，利用市场化的手段降低生产成本，达到减少污染排放的目的。

三、经济模型的解释

为了将问题简单、清晰明了地解释清楚，假定经济发展中只有 2 家行为主体：陆域经济主体 M 和海洋经济主体 L。

在海陆产业系统分割的情况下：海洋产业主体 L 在生产过程中通过私人边际成本（Private Marginal Cost，PMC）等于边际收益（Marginal Revenue，MR）来确定平衡点 A，此时其生产规模为 Q_1。海洋产业主体 L 并没有考虑其给海域带来的污染（假定主要为海洋污染，污染水平为 W_1），造成的外部不经济成本为 Q_0CQ_1（见图 3-5），该外部不经济由海洋转移到了陆域，海洋污染带来的海洋环境质量的下降，损害了陆域产业主体 M 的利益，但是 M 无法获得赔偿，也无法通过市场行为对海洋产业主体 L 进行制约。

在海陆经济一体化的情况下，社会边际成本（Marginal Social Cost，MSC，即实际边际成本）MSC = MR，此时平衡点为 B，对应的最佳产量为 Q_2，对应的污染水平为 W_2（见图 3-5），外部不经济成本为 Q_0BQ_2。

对比海陆产业系统分割和海陆经济一体化两种情况下的污染水平和外部不经济成本，很明显 $W_2 < W_1$，$Q_0BQ_2 < Q_0CQ_1$，说明海陆经济一体化有效地减少了污染水平和经济主体负的外部性。

海陆经济一体化通过共同市场中的政府行为将外部不经济内部化，这是海陆经济一体化实现经济效益最大化的必要路径。政府通过收费、减税、补贴等协调机制，实现负外部性的内部化，实现社会的福利最大化，达到帕累托最优。负外部性内部化通过建立相应的利益分配机制和制度，保障行为主体不因正外部性得不到补偿而造成整体效益达不到最大化，也不因负外部性而造成对资源的浪费和对环境的破坏，同时，海陆经济一体化还能将特定市场连成一个整体，最大限度地发挥规模经济和集聚经济效应，实现地区经济效益的最大化。

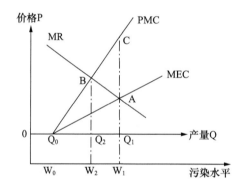

图 3-5　海陆经济一体化调控外部性内化示意图

资料来源：徐质斌. 构架海陆一体化社会生产的经济动因研究［J］. 太平洋学报，2010，18（1）：73-80.

第五节　本章小结

本章重点从海陆产业系统的关联性、差异性、势能差以及海陆追求经济效益最大的本质等方面对海陆经济一体化的动力机制进行了研究。

从海陆产业系统的关联性来看，海陆产业系统的运行都必须依赖资源、劳动力、资本、技术和信息等共同的生产要素，而海陆产业部门间互相提供生产要素，通过生产要素的流动，推进海陆生产要素向生产效率更高的产业和地区集中。海陆产业的关联对应关系一方面体现在陆域产业向海洋产业的延伸，另一方面海洋三次产业的发展与陆域三次产业通过前向关联、后向关联、旁侧效应以及扩散效应等形成了关联对应关系。海洋产业系统与陆域产业系统在时空上、技术上、产业经济上，存在较强的互依共存关系。

海陆产业系统的差异性主要体现在承载空间和结构演化上。海洋由于具有不同于陆域的独特自然属性，导致海洋资源具有公有性和流动性的特点，海洋开发难度大且技术要求高，海洋开发的风险大且成本高，并且海洋产业结构的演变相对滞后区别于陆域产业。

海陆产业系统间存在自然资源禀赋、发展历史、空间载体、经济基础等差异，带来了系统间在自然资源禀赋、可利用空间上存在由海向陆的势能差，在发展历史、经济基础上存在由陆向海的势能差。

此外，海陆产业系统由于存在信息不对称、管理体制分割等原因，存在大量的交易费用以及激烈的竞争博弈，海陆经济一体化能够节省交易成本，实现外部交易的内部化，把外部不经济的行为内部化，从而实现经济效益的最大化。

第四章 中国海陆经济发展
现状及问题研究

我国沿海地区经济由陆域经济和海洋经济共同构成，研究海陆经济一体化，首先需要了解我国沿海地区海陆经济发展的现状和特点，尤其对于海洋经济发展的现状特点、发展中存在的制约因素以及问题，必须有清晰明确的认识，才能进一步深入研究海陆经济一体化发展。21 世纪是海洋的世纪，对海洋的开发利用关系到国家的长远发展，越来越多的沿海国家都制定了海洋强国战略，把海洋经济发展提到了战略高度。当前，各国围绕海洋资源开发、海洋经济发展和海洋主权保护的综合竞争日趋激烈，海洋竞争成为国家实力的标志。我国沿海地区经济实力雄厚，以仅占国土 13.4% 的面积，养活了全国 40% 以上的人口，创造了约 60% 的 GDP。改革开放以来，我国海洋经济发展迅速，海洋经济规模不断扩大，在国民经济中的地位越来越显著，未来将成为我国经济的新增长点，但是海洋经济发展中的制约因素十分突出，海洋产业结构和空间布局问题重重。

第一节 中国陆域经济发展现状

一、中国整体经济发展现状

根据国家统计局发布的经济数据，2015 年全国国内生产总值达 676708 亿元，GDP 总量稳居世界第二，按可比价格计算，比上年增长 6.9%。其中，第一产业增加值 60863 亿元，增长 3.9%；第二产业增加值 274278 亿元，增长 6.0%；第三产业增加值 341567 亿元，增长 8.3%。第一产业增加值占国内生产总值的比重为 9.0%，第二产业增加值比重为 40.5%，第三产业增加值比重为 50.5%，首次突破 50%。全年人均国内生产总值 49351 元，比上年增长 6.3%，全年国民总收入 673021 亿元。

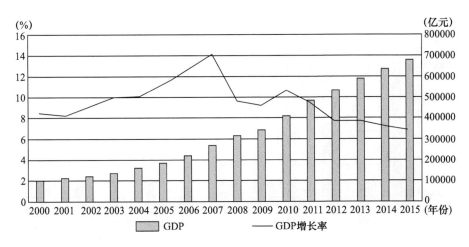

图 4 - 1　2000 ~ 2015 年中国 GDP 与 GDP 增长率

由图 4 - 1 可以看出，2000 ~ 2015 年中国国内生产总值保持着上升的态势，说明国民经济持续保持平稳较快的增长趋势，总体经济运行良好，经济增长的基本态势未发生改变，呈现稳中有进、稳中向好的发展态势；GDP 增速 2000 ~ 2007 年稳步快速增长，一度在 2007 年达到 14.16% 的最高点，2008 ~ 2015 年有波动下降的趋势，2008 年受国际金融危机影响大幅度下降，之后逐步攀升到 2010 年的 10.45%，随后逐年下降，经济增长开始出现乏力，传统增长模式的引擎熄火，新兴增长模式起色较小，经济转型发展，寻找新的经济增长点成为经济发展的必然选择。

二、沿海 11 个省（市、区）经济发展现状

中国沿海地区 11 省（市、区）受海洋影响环境条件较好、区位优势明显、资源基础雄厚、生产要素活跃，形成了较高的产业规模化与企业密集度，经济发展水平高居全国前列。从地区国民生产总值来看，2015 年沿海 11 省（市、区）生产总值之和高达 329681.27 亿元，占全国 GDP 的 48.72%，以占全国 13.4% 的土地面积，养活了全国 40% 以上的人口，为全国贡献了约 60% 的 GDP。

考虑到经济结构，从人均 GDP 来看，2015 年均超过 7 万元，其中天津居全国首位，高达 12.70 万元，天津、上海、江苏、浙江均居全国前列，广西和海南比较靠后；从 GDP 增速来看，大部分地区都超过全国 6.9% 的平均增速（见图 4 - 2）。

中国沿海 11 个省（市、区）整体经济运行良好，占全国经济总量的比重较大，但区域内部发展不平衡较为明显。

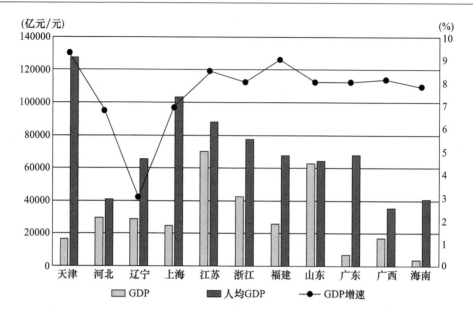

图 4 - 2　2015 年中国沿海地区 GDP、人均 GDP 及 GDP 增速

第二节　中国海洋经济发展现状、制约因素及趋势

一、海洋经济发展的现状

(一) 海洋经济增长速度较快, 发展初具规模

近年来, 中国海洋经济呈现出快速发展的态势, 尤其是改革开放以来, 经济规模从 1979 年仅为 64 亿元, 发展到 2003 年超过 1 万亿元, 2007 年接近 2.5 万亿元, 2015 年突破 6 万亿元。中国海洋产业的发展大致可以分为三个阶段: 1978 年以前, 仅有海洋渔业、海洋盐业和海洋交通运输业三大传统产业; 20 世纪 90 年代开始, 海洋油气业、滨海旅游业实现了快速发展; 21 世纪以来, 随着海洋生物医药业、海洋化工业、海洋新能源等的发展, 新兴海洋产业逐渐兴起。伴随着海洋经济规模的扩大, 海洋经济对国民经济的贡献度越来越大, 尤其是近 10 年, 中国海洋产业年平均增长速度都保持在 10% 以上 (见图 4 -3), 海洋产业增长速度较快。

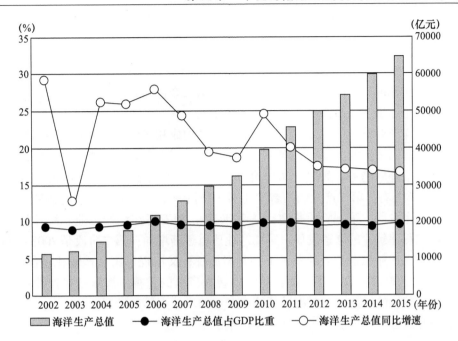

图 4-3　中国海洋产业增长情况

20 世纪 90 年代以来，中国海洋经济不断发展，海洋产业规模持续扩张。据统计，1979 年中国海洋产业总产值仅为 64 亿元，2003 年达到 10077. 71 亿元，2007 年达到 24929 亿元，2015 年达到 64669 万亿元，占国内生产总值的 9.6%。截至 2013 年底，中国亿吨级港口增至 16 个，是世界上拥有亿吨级港口最多的国家。2011 年中国港口货物吞吐量以及标准集装箱吞吐量连续九年居全球第一位，其中，上海港的货物吞吐量和标准集装箱吞吐量均保持世界港口第一位的排名。中国海洋油气勘探工作也不断取得新突破，中石油在冀东南堡滩海新发现 10 亿吨大油田，中海油在渤海湾、北部湾等海域新发现 10 个油气田。[①] 中国海洋船舶业造船完工量突破 1800 万载重吨，新接订单超过韩国（按载重吨计），居世界第一位。

（二）海洋产业结构稳定性与波动性并存

近年来，中国海洋产业结构的演化从表 4-1 可以看出，2001～2015 年 15 年间中国海洋产业结构的发展和演变，总体上呈现出第一产业比重逐渐减少，第二、第三产业稳步增加的态势，形成以第三产业为主导的"三二一"和第二产业略胜于第三产业的"二三一"的产业结构类型。除了 2006 年、2010 年和 2011

---

① 2007 年中国海洋经济统计公报〔EB/OL〕．http：//www．gov．cn/gzdt/2008 - 02/15/content_890643．htm．

年 3 年第二产业所占比例略多于第三产业，为"二三一"型的产业结构，其余年份均为"三二一"型的产业结构类型。总体来说，2001 年以来，一方面，中国的海洋产业基本上为第一产业占比低于 7%，而第二产业与第三产业平分秋色，比例相差无几的稳定状态。另一方面，海洋第二产业和海洋第三产业之间的交替主导地位也体现出了海洋产业结构的不稳定性。

从海洋产业第一、第二、第三产业的内部构成和变化态势来看，中国海洋第一、第二、第三产业的变化表现为波动缓慢。中国海洋第一产业所占的比重总体呈现缓慢下降的趋势，2004～2015 年下降的趋势变得更加缓慢，所占比例基本稳定在 5% 左右。第二产业经历着"上升—下降—上升—下降"的徘徊变动，可以分为四个阶段，第一阶段是 2001～2006 年，随着海洋船舶工业、海洋化工业和海洋工程建筑业的增速发展，第二产业比重逐渐增加；第二阶段是 2007～2009 年，在第三产业稳定发展的背景下，此消彼长，又出现了第二产业比重的下滑；第三阶段是 2009～2011 年，随着对海洋新兴产业的重视，海洋新兴产业的增加值保持着较快的增速，同时推动了第二产业的增速；第四阶段是 2012～2015 年，随着海洋服务业的发展，第三产业又占据了主导地位。

表 4-1　中国海洋生产总值及构成比例

年份	海洋生产总值（亿元）			海洋生产总值构成（%）		
	第一产业	第二产业	第三产业	第一产业	第二产业	第三产业
2001	646.3	4152.2	4720.1	7	43.6	49.6
2002	730	4866.2	5674.3	6.6	43.5	50.3
2003	766.2	5367.9	5818.5	6.7	45	48.7
2004	851	6662.9	7148.2	5.8	45.7	48.8
2005	1008.9	8046.9	8599.8	5.7	45.6	48.7
2006	1228.8	10217.8	10145.7	5.7	47.3	47
2007	1395.4	12011	12212.3	5.4	46.9	47.7
2008	1694.3	13735.3	14288.4	5.7	46.2	48.1
2009	1857.7	14980.2	15439.5	5.8	46.4	47.8
2010	2008	18935	18629.8	5.1	47.8	47.1
2011	2327	21835	21408	5.1	47.9	47
2012	2683	22982	24422	5.3	45.9	48.8
2013	2918	24908	26487	5.4	45.8	48.8
2014	3226	27049	29661	5.4	45.1	49.5
2015	3298.1	27484.3	33886.6	5.1	42.5	52.4

资料来源：Wind 数据库。

（三）海洋产业布局形成各具特色的点—轴发展模式

海洋产业空间布局遵循"均匀分布—点状分布—点轴分布"的递进演变过程（见图4-4），从整体上看，中国海洋产业布局目前已步入海洋产业空间布局演化的第三阶段——点轴分布阶段，基本呈现出以环渤海、长三角和珠三角三大经济区内海洋经济中心或城镇为中心，以海域和海岸带为载体，以海洋资源开发为基础的海洋产业的发展以及以临海产业带为轴线的区域布局体系。

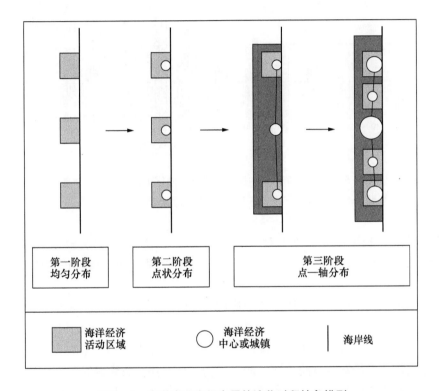

图4-4 海洋产业空间布局的演化过程抽象模型

资料来源：郭敬俊. 海洋产业布局的基本理论研究暨实证分析［D］. 中国海洋大学博士研究生学位论文，2010.

中国已经逐渐形成了环渤海、长三角和珠三角三大海洋经济区，2003～2015年三大海洋经济区的海洋生产总值实现了稳步快速增长（见图4-5），海洋经济发展势头持续趋好。2015年，环渤海地区海洋生产总值达到23437亿元，长三角地区海洋生产总值18439亿元，两者海洋产业生产总值均超过41876亿元，两者合计总值占全国海洋生产总值的近64.75%，珠三角地区海洋生产总值也达到

13796 亿元，占全国海洋生产总值的 21.33%。①

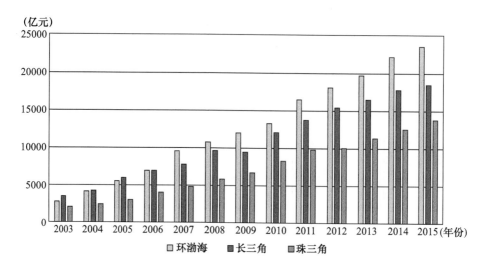

图 4-5 2003~2015 年中国三大海洋经济区海洋产业生产总值

资料来源：根据国家海洋局 2003~2015 年中国海洋产业生产产值整理。

2014 年，我国海洋产业总体保持稳步增长。其中，主要海洋产业增加值 25156 亿元，比上年增长 8.1%；海洋科研教育管理服务业增加值 10455 亿元，比上年增长 8.1%。

具体来看，海洋渔业整体保持平稳增长态势，海水养殖产量稳步提高，远洋渔业快速发展；海洋油气产量保持增长，但受国际原油价格持续下跌影响，增加值减少；海洋矿业增长较快，海洋矿产资源开采秩序进一步规范有序；随着国家对海洋生物技术研发的日益重视，海洋生物医药业保持较快增长；海水利用业受益于一系列产业政策影响，取得较快发展；海洋船舶工业加快调整转型步伐，发展呈现上扬态势；沿海规模以上港口生产总体保持平稳增长，但航运市场延续低迷态势，海洋交通运输业运行稳中偏缓；滨海旅游继续保持快速发展态势，邮轮游艇等新兴旅游业态发展迅速；海洋盐业呈现负增长，海洋化工业、海洋电力业、海洋工程建筑业均保持平稳的增长态势。

（四）形成四大支柱产业，新兴产业发展前景广阔

从中国的主要海洋产业增加值情况可以看出，中国基本形成了滨海旅游业、海洋油气业、海洋渔业和海洋交通运输业四大支柱产业。从图 4-6 可以看出，

---

① http://www.soa.gov.cn/zwgk/hygb/zghyjjtjgb/201603/t20160307_ 50247. html.

2001～2015 年中国各主要海洋产业均呈现良好的增长势头。2015 年，四大海洋支柱产业增加值之和为 21706 亿元，占海洋产业增加值总和的 81.01%，已经超过了 4/5；海洋船舶工业、海洋工程建筑业、海洋化工业、海洋矿业四产业增加值 4000 亿元左右，虽然产业增加值低于四大支柱产业，但是有着稳定发展的态势；而海洋生物医药业、海洋电力业和海水利用业等海洋战略性新兴产业，目前在海洋产业总增加值中所占的比重还比较小，随着近年来的快速增长（增长速度保持在 10% 以上），前景极为广阔。

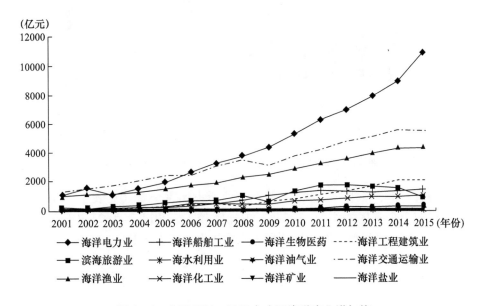

图 4-6　中国 2001～2015 年主要海洋产业增加值

（五）区域海洋产业结构差异化发展

由图 4-7 可以看出，中国各沿海省、市、区的海洋产业结构模式可分为"三二一"、"三一二"、"二三一"三类。11 个省（市、区）中，上海、浙江、广东、广西、福建、辽宁 6 个省（市、区）的海洋产业结构都呈现出"三二一"的模式，这种模式对于上海而言更加明显，第三产业占比达到 60.5%，第二产业占比达到 39.4%，第一产业产值占比极小，形成了第三产业为主导，第二产业为支撑的产业结构模式。天津、江苏、山东、河北四个地区呈现"二三一"海洋产业结构模式，其中最为突出的是天津。天津的第二、第三产业占比达到99.8%，第一产业仅仅占 0.2%，是典型的以第二三产业为主导的海洋产业结构类型。天津第一产业比重低和其所拥有海岸线长度短有很大关系，其海岸线为全国最短的，长度仅 154 千米，而中国沿海 11 个省（市、区）平均海岸线长度为

1717 千米，天津海岸线长度还不到全国平均水平的 10%。"三一二"模式的地区仅有海南，第一、第二、第三产业的比例为 23.9：19.4：56.7。

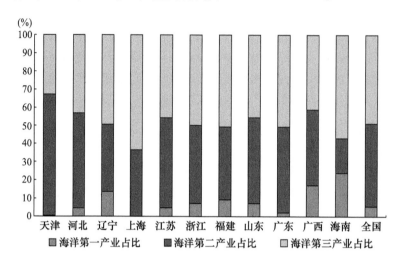

图 4-7　2014 年各沿海省份海洋产业的三次产业结构

从各省、市、区第一、第二、第三产业所占比重来看（见表 4-2），海南、广西、辽宁 3 个省区海洋第一产业所占比重较大，2014 年为 23.9%、17.1%、13.4%；上海、天津海洋第一产业所占比重较小，仅为 0.1%、0.2%。其他省份第一产业比重均在 10% 以下。海洋第三产业比重较大的省（市、区）有上海、广东、海南、福建、浙江等，明显的特点就是这几个省（市、区）第三产业所占比重基本在 50% 以上。海南省的第二产业比重较低，第三产业发达，且第一产业处于基础地位，所占比例领先于其他沿海省（市、区）。天津、河北、江苏海洋第二产业比例较大，基本在 50% 以上。

二、海洋经济发展中存在的制约因素

虽然我国海洋经济正在快速稳步发展，但目前仍然存在多重制约海洋经济发展的因素。具体表现在：海洋经济发展缺乏宏观指导、统筹规划和相互协调；海洋开发管理机制不完善，海洋执法体系、执法能力建设相对滞后；海洋渔业粗放型发展，导致渔业资源严重衰退，且近岸海域生态环境恶化、海洋环境污染的趋势尚未得到有效遏制；海洋传统优势产业面临严峻挑战，新兴海洋产业产值和增加值占比较低，港口海运、临港工业、海洋服务业的发展优势尚未得到充分发挥；海洋科技总体发展水平较低，先进技术研发及海洋方面的人才培养不足，可持续发展能力有待提升等，归纳一下主要包括以下几种。

表4-2　2008~2013年中国各省（市、区）海洋生产总值构成比例　单位:%

	2008 年			2009 年			2010 年			2011 年			2012 年			2013 年		
	一	二	三	一	二	三	一	二	三	一	二	三	一	二	三	一	二	三
天津	0.2	66.4	33.3	0.2	61.6	38.2	0.2	65.5	34.3	0.2	68.5	31.3	0.2	66.7	33.1	0.2	67.3	32.5
河北	1.9	51.4	46.7	4	54.5	41.4	4.1	56.7	39.2	4.2	56.1	39.7	4.4	54	41.6	4.5	52.3	43.2
辽宁	12.1	51.8	36.1	14.5	43.1	42.4	12.1	43.4	44.5	13.1	43.2	43.7	13.2	39.5	47.3	13.4	37.5	49.2
上海	0.1	44.3	55.6	0.1	39.5	60.4	0.1	39.4	60.5	0.1	39.1	60.8	0.1	37.8	62.1	0.1	36.8	63.2
江苏	4.1	45.8	50.1	6.2	51.6	42.1	4.6	54.3	41.2	3.2	54	42.8	4.7	51.6	43.7	4.6	49.4	46.0
浙江	8.7	42	49.4	7	46	47	7.4	45.4	47.2	7.7	44.6	47.7	7.5	44.1	48.4	7.2	42.9	49.9
福建	9.4	40.8	49.8	8.5	44	47.5	8.6	43.5	47.9	8.4	43.6	48	9.3	40.5	50.2	9	40.3	50.7
山东	7.2	49.2	43.6	7	49.7	43.3	6.3	50.2	43.5	6.7	49.3	43.9	7.2	48.6	44.2	7.4	47.4	45.2
广东	3.8	46.7	49.5	2.8	44.6	52.6	2.4	47.5	50.2	2.5	46.9	50.6	1.7	48.9	49.4	1.7	47.4	50.9
广西	14.8	43.5	41.7	21.2	37.7	41.1	18.3	40.7	41	20.7	37.6	41.8	18.7	39.7	41.6	17.1	41.9	41.0
海南	20.3	26.5	53.2	24.5	21.8	53.7	23.2	20.8	56	20.2	19.9	59.9	21.6	19.2	59.2	23.9	19.4	56.7
全国	5.4	47.3	47.3	5.8	46.4	47.8	5.1	47.8	47.1	5.2	47.7	47.1	5.3	46.9	47.8	5.4	45.9	48.8

资料来源：中国海洋统计年鉴2009~2014.

（一）管理体制不完善，导致海洋产业效率不高

目前，我国的海洋管理职能部门是国家海洋局，直属国务院，国家海洋局主要负责组织和协调有关海洋工作，比如组织实施海洋调查、海洋科研、海洋管理和公益服务等工作。在国家海洋局的架构下，还分别设立了北海分局、东海分局、南海分局以及各沿海地方性管理机构，形成了"国家海洋局为主管部门负责立法、制定政策、协调等，各海区和地方海洋管理机构参与共同管理的格局"。到目前为止，海洋管理体制已经日渐完善，但随着对于海洋权益和海洋资源争夺的趋势日益激烈，我国现行的海洋管理体制的弊端和问题逐渐显现出来。

在海洋法规方面，我国还未设立海洋基本法，而且有关的海洋综合性法律也较少。现有的海洋法律法规也存在着一些问题，比如一些出台的法律法规缺乏相应的配套细则，又如目前我国海洋方面的法规政策基本是针对部门、行业而言的，部门之间的职能重叠导致各项法律法规出现交叉和冲突，直接影响到海洋法律法规的质量，在一定程度上导致海洋的管理体制不健全。

在海洋统计数据方面，与陆域产业统计数据现状差距较大，我国关于海洋的统计数据仅有《中国海洋经济统计公报》、《中国海洋统计年鉴》和《中国海洋年鉴》三个较权威的统计数据文献，而这些现有的海洋统计数据并不全面，还缺

少较多的统计指标，这是海洋管理体制的又一不足。数据是经济决策的基础信息，海洋统计数据的缺憾，会直接影响研究机构和决策部门对海洋经济发展的研判。

在执法方面，我国海洋执法队伍庞大，执法部门多达 10 余个，主要是海监、海警、海巡、海政和海关这 5 支执法力量。目前，我国的执法力量仍是"五龙闹海"，导致了执法力量过于分散，且这 5 个单位平时各司其职，缺乏相互沟通和协调，在出现突发情况或紧急事件时，缺乏应急处置的能力。

（二）海洋突发因素，导致海洋产业稳定性较差

近年来，海洋突发事件时有发生，不仅给海洋环境造成了巨大的破坏，也对我国海洋经济的发展起到了阻碍作用。从海洋环境及生态破坏角度而言，海洋突发因素的难预测性、难控制性以及影响较大，导致海洋产业稳定性较差。突发海洋污染事件、溢油事件、核泄漏事故、风暴潮、海啸等都属于海洋突发事件。2012 年，广东、福建等地海域相继发生多起海洋污染的突发事件，造成部分污染物泄漏入海，局部地区海域环境受不同程度污染影响。海洋突发事件具有扩散范围广、持续性强、污染防治难以及危害大等各方面的特点。2012 年对 2011 年发生的蓬莱 19－3 油田溢油事故以及 2010 年发生的大连新港"7·16"油污染事件开展跟踪监测，结果表明，事发海域环境状况呈现一定程度的改善，但油污染事件对周边海洋生态环境仍具有较大影响，海洋生物群落略有恢复，但仍处于较低水平。

从海洋产业链的角度看，主要海洋产业如海洋油气业、海洋化工业、海洋船舶工业等都属于高投入、高风险、高回报的产业，多种因素如产品需求、原材料供给、产品运输能力、货物价格等都对海洋产业发展具有较大影响。而海洋突发因素的发生，很容易影响到海洋产业链的各个环节，尤其是对原材料供应以及销售环节产生重大的影响，导致海洋产业发展受阻。如 2003 年滨海旅游业受 2002 年"非典"的影响，出现增速大幅回落的现象，直到 2004 年才出现大幅回升。由此可见，海洋经济的发展易受突发事件的影响，且影响具有一定的滞后性，海洋产业发展的稳定性不强。

（三）海洋环境污染未得到控制，导致海洋产业发展受影响

随着城市化进程的加快，生活污水的排放、工业废水的排放、海上石油泄漏及海上养殖等使得我国海洋环境污染日益严重，这不仅会影响到海水水质，还会严重影响到海洋生物资源，破坏生物多样性，从而制约了与海洋资源密切相关的海洋产业的发展。近年来，我国也不断逐步加强海洋环境污染的防治工作，但仍然未能有效控制海洋环境污染问题。

《2012 年中国海洋环境状况公报》显示，通过对海水中无机氮、活性磷酸

盐、石油类和化学需氧量等的综合评价，结果显示，我国管辖海域海水环境状况总体较好，但近岸海域海水污染依然较为严重。符合第一类海水水质标准的海域面积约占我国管辖海域面积的94%，符合第二类、第三类和第四类海水水质标准的海域面积分别为46910平方千米、30030平方公里和24700平方千米，劣于第四类海水水质标准的海域面积为67880平方千米，较2011年增加了24080平方千米（见图4-8）。渤海、黄海、东海和南海劣于第四类海水水质标准的海域面积分别增加了8870平方千米、6990平方千米、6700平方千米和1520平方千米。劣于第四类海水水质标准的区域主要分布在黄海北部、辽东湾、渤海湾、莱州湾、江苏沿岸、长江口、杭州湾、珠江口的近岸海域。近岸海域主要污染要素是无机氮、活性磷酸盐和石油类。[①]

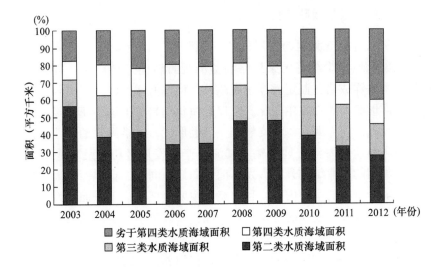

图4-8 2003～2012年我国管辖海域未达到第一类海水水质标准的各类海域面积

资料来源：国家海洋局．我国海洋环境质量公报2012．

（四）海洋创新能力不强，导致海洋产业竞争力弱

海洋科技是海洋资源可持续开发利用的支撑和动力，科技创新能力对产业发展至关重要，是提高海洋产业资源利用效率、提高海洋产业竞争力、发展可持续性海洋产业、提高海洋产业技术水平不可或缺的因素。尽管我国海洋经济发展较快，产值占GDP的比重逐渐增加，但是在海洋领域的科研力量还比较薄弱，且

---

① 今夏海滨度假环境摸底［EB/OL］．新京报网络版，http：//travel.southcn.com/jujiao/content/2013-06/05/content_70356096.htm.

海洋科技创新能力不强。《中国海洋统计年鉴》显示，2010年涉海就业人员3350.8万人，占地区就业人员的10.1%。我国主要海洋产业就业人员达1142.2万人，占地区就业人员3.44%。全国海洋科研机构181个，科技活动人员29676人，占涉海就业人员的0.089%，还不到涉海就业人员的1%，另外，海洋方面的专利仅有3829件。我国在海洋科研机构建设以及人才培养方面的落后，导致海洋产品技术含量和附加值较低，在国际市场上竞争力不强。

在我国海洋科研机构中，海洋生物医药科学研究机构只有4个，从业人员99人；海洋生物工程机构仅有2个，技术人员214人；海洋工程管理服务科研机构1所，从业人员568人，这些领域的研究与开发人才较缺，极大地制约了我国海洋科技创新和科研成果转化能力。

三、海洋经济发展战略趋势

世界经济已进入资源制约发展的"瓶颈"期，国际竞争已经从陆地转向海洋。沿海国家和地区纷纷将国家战略利益的视野转向地域广袤、资源丰富的海洋，加快调整海洋战略，制定海洋发展政策，促进海洋经济发展。

国际海洋形势不断在发生变化，人口趋海移动趋势加速，海洋经济成为全球经济的新增长点。世界四大海洋支柱产业已经形成，包括海洋油气业、滨海旅游业、现代海洋渔业和海洋交通运输业，海洋产业发展经历了从资源消耗型到技术、资金密集型的产业结构升级，发展前景向好。同时，世界性、大规模开发利用海洋成为国际竞争的主要内容，目前竞争主要表现在以下方面：发现、开发利用海洋新能源；勘探开发新的海洋矿产资源；获取更多、更广的海洋食品；加速海洋新药物资源的开发利用；实现更安全、更便捷的海上航线与运输方式等。未来全球围绕海洋资源开发、海洋经济发展和海洋主权保护的综合竞争将日趋激烈。

（一）海洋发展上升为国家战略

随着全球经济的发展，陆地资源趋于枯竭，陆地空间趋于饱和，人类社会要实现可持续发展就必须努力寻找新的资源和发展空间。在这种背景下，世界各国越来越多地向海洋国土、地下空间等拓展自身新的生存与发展空间。浩瀚的海洋蕴藏着极其丰富的资源，具有巨大的经济价值，为人类发展提供了广阔空间，海洋成为人类存在与发展的资源宝库和最后空间。近年来，各国越发将发展的目光从陆地转向海洋，把加快海洋资源开发与利用、发展海洋经济作为国家战略来抓。

2001年，联合国正式文件中首次提出"21世纪是海洋世纪"，把海洋发展提到新的战略高度。世界各主要海洋国家相继推出或调整海洋发展战略，将海洋发展推升为国家战略（见表4-3）。各国海洋战略紧紧围绕海洋资源开发、海洋环境安全和海洋权益维护等海洋发展重大领域，强调以海洋科技的创新和突破为海洋发展的根本依托，以此带动国家经济、军事、政治领域的发展。

表4-3　世界几大主要海洋强国海洋发展战略及战略部署

国别	文件	主要内容	后续战略部署
美国	《21世纪海洋蓝图》（2004）	在对海洋管理政策进行彻底评估的基础上，对维护海洋经济利益，加强海洋和沿岸环境保护，确立海洋勘查国家战略，提高海洋研究和教育水平作出全面部署	《美国海洋行动计划》（2004）； 《21世纪海上力量合作战略》（2007）； 《绘制美国未来十年海洋科学发展路线——海洋科学研究优先领域和实施战略》（2007）； 关于制定美国海洋政策及其实施战略的备忘录（2009）； 《21世纪海洋保护、教育与国际战略法》（2009）； 《NOAA的北极共识和战略》（2010）； 《北极地区国家战略》（2013）
英国	《90年代海洋科技发展战略规划》（1990）	提出6大战略目标和海洋发展规划，优先发展对实施海洋发展战略具有重大意义的海洋科技，特别是高新技术	《21世纪海洋科技发展战略》（2000）； 《2025年海洋研究计划》（2007）； 《我们的海洋——共享资源：高层次海洋目标》（2009）； 《英国海洋法》（2009）； 《2010~2025年海洋科学战略》（2010）； 《英国海洋产业增长战略》（2011）
日本	《海洋和日本——21世纪海洋政策建议》（2005）	以"真正的海洋立国"为目标，强调海洋可持续开发利用、引领国际海洋秩序和国际协调、综合性海洋管理三个基本理念，聚焦海洋政策大纲的制定，以制定基本法为目标推进体制完善，扩大到海上的国土管理和国际协调	《海洋白皮书》（2006）； 《海洋基本法案》（2007）； 《推动新的海洋立国相关决议》（2007）； 《海洋建筑物安全地带设置法》（2007）； 《海洋基本计划草案》（2008）； 《北极可持续开发利用急需实施的政策》（2012）； 《海洋基本计划（2013~2017）》（2013）

国别	文件	主要内容	后续战略部署
俄罗斯	《2020 年前俄罗斯联邦海洋学说》(2001)	界定俄罗斯海洋政策的实质和主体,确立俄罗斯在世界海洋上的利益,以及国家海洋政策的目标和原则,并从功能和区域方向对海洋战略的具体方面及其紧迫任务做了规定	在《2010 年俄罗斯联邦海上军事活动的政策原则》(2000.3) 基础上出台《2010 年俄罗斯联邦国防工业综合体发展政策基础》、《2015 年俄罗斯联邦军事技术政策基础》、《2020 年武器装备发展的主要方向》、《2020 年俄罗斯联邦能源战略》等; 《俄罗斯联邦保护国家边界、内水、领海、专属经济区、大陆架及其资源法》; 《俄罗斯联邦 2020 年渔业发展方针》; 《2020 年俄罗斯联邦北极国家政策基础》(2008); 《2020 年前及更远的未来俄罗斯联邦在北极的国家政策原则》(2009); 《2020 年俄罗斯联邦南极行动战略》(2010)
加拿大	《加拿大海洋战略》(2002)	在海洋综合管理中坚持生态方法;重视现代科学知识和传统生态知识;坚持可持续发展原则;了解和保护海洋环境、促进经济的可持续发展和确保加拿大在海洋事务中的国际地位	《加拿大海洋行动计划》(2005); 《联邦海洋保护区战略》(2005); 《健康海洋引导计划》(2007); 《我们的海洋,我们的未来:联邦的计划和行动》(2009); 《加拿大北极外交政策声明》(2010); 《北极环境战略》、《大西洋西岸行动计划》、《海岸警备队振兴计划》、《海洋健康》、《科学振兴计划》等

  我国紧紧抓住此轮国际海洋发展战略机遇,对标世界海洋发展前沿,研究和提出了海洋发展战略。中共十八大报告明确提出建设"海洋强国"的海洋发展战略目标,为进一步发展和深化我国的海洋经济提供了重要契机,标志着我国从"海洋大国"开始走向"海洋强国",开始从顶层设计上注重提升海洋资源开发利用和综合管理,深化海洋经济的发展,"海洋强国"战略成为海洋经济发展的目标。

  在此基础上我国又部署了 11 个海洋经济区,开始具体实施"海洋强国"发展战略。接下来的"一带一路",借用古代"丝绸之路"的历史符号,尤其是 21世纪"海上丝绸之路",通过借助区域合作平台,加强我国同其他区域的海上互联互通,主动发展与沿线国家的经济合作伙伴关系,共同实现商贸增长,打造经济利益共同体。"一带一路"尤其是"海上丝绸之路"的主要节点和枢纽城市,同沿途许多国家都具有较好的经贸往来,借助这一战略能够将沿线区域连接起来，通过区域协调优化资源配置，实现海洋经济的腾飞。

（二）海洋经济贡献率不断提高

世界海洋经济产值从 20 世纪 80 年代的不足 2500 亿美元，迅速上升到 2006 年的 1.5 万亿美元，目前，全球现代海洋产业总产值达 1 万亿美元，占世界 GDP 总值 23 万亿美元的 4%。各主要沿海国家，海洋经济占国民经济的比重越来越大（见表 4 - 4），新加坡已经从一个渔村发展成典型的港口国家，港口相关产业占国民经济的 80%，挪威 70% 的财政收入来自对海洋农业的征收。

表 4 - 4　世界主要海洋国家海洋经济总量对比

国家	主要海洋产业产值（亿美元）	占国民经济的比重（%）
美国	3500	4.3
日本	2000	5.3
英国	656	4.9
澳大利亚	273	9.0
法国	198	1.4
加拿大	78	1.4
韩国	260	7.0
马来西亚	132	13.2
中国	728	4.26

资料来源：国家海洋局办公室．世界主要发达国家海洋经济统计指标比较 [D]．2003．

随着海洋经济的发展，海洋产业结构正从主要依赖传统渔业向"二三一"产业结构转型。海洋渔业在各海洋经济发达国家海洋经济中的比重正在逐步下降（美国、日本、英国等国已降到 10% 以下），而海洋油气业、海洋化工业、海洋生物产业等第二产业快速崛起，滨海旅游、海洋生产性服务业等第三产业在海洋经济中的地位显著上升。其中，以高技术支撑的海洋石油天然气工业、海洋交通运输业和滨海旅游业已经成为当今世界海洋经济的支柱产业。

（三）海洋科技地位日益凸显

海洋是高新技术发展前沿领域，海洋科技是海洋经济发展的重要支撑。自 20 世纪 80 年代以来，美国、日本、英国、法国、德国等国相继制定了与海洋经济相关的科技发展规划，提出进行海洋科学研究、海洋高技术开发，优先发展海洋高技术，增强自身在海洋发展中的竞争力，寻找海洋领域我国国民经济的新增长点。第三次科技革命以来，全球海洋高技术发展可以聚焦以下五个重点领域：海洋生物技术，海洋生态系统模拟技术，海洋油气资源高效勘探开发技术，海洋环境观测和监测技术，海底勘测和深潜技术。

海洋发展已经从传统的资源依赖型向科技支撑型转变，各项高精深海洋科学技术成为推动现代海洋发展的根本动力。海洋科技充分吸纳融合航海技术、机械技术、电子技术、通信技术、生物技术、材料技术等各领域科技的发展成果，并在广泛和深化应用过程中大大提高了海洋资源开发的深度和速度，以及海洋开发利用的效率和效益。各海洋经济发达国家对海洋科技的发展和应用高度重视，纷纷制定海洋科技发展规划，提出优先发展高科技的战略思想，美国制定了《绘制美国未来十年海洋科学发展路线——海洋科学研究优先领域和实施战略》，澳大利亚出台了《澳大利亚海洋科学技术发展计划》等。

（四）海洋经济管理逐步完善

海洋发展在地理上涉及多城市、多区域，在管理上涉及多部门、多级别。在海洋经济快速发展的同时，各国纷纷制订了海洋综合管理计划，建立和完善海洋经济综合管理体制，强调高层次协调和综合管理，不断走向健全和完善。

美国早在 1999 年就成立了海岸带经济计划国家咨询委员会，实施了"国家海洋经济计划"，明确了海岸带经济和海洋经济的定义、内涵和外延，划分了海洋经济部门和产业分类。澳大利亚成立了国家海洋部长委员会，协调海洋发展的各项事宜，并在《海洋产业发展战略》中明确要求改变单一的海洋产业管理模式，实现海洋产业发展的综合管理模式。英国、法国、加拿大、新西兰等政府和欧盟也相继发布了海洋经济发展报告，海洋经济管理制度逐步走向健全和完善。

（五）海陆经济一体化趋势加强

海洋经济发展逐渐呈现出由单纯的海洋开发向统筹海陆经济发展的趋势转变。海洋经济的发展，过去比较注重海洋经济规模的扩大，海洋产值的增加，现在强调海陆资源的互补、海洋产业的互动、海陆经济的一体化。目前，全球海洋经济总量的 1/5 以上集中在距离海岸线 100 千米的海岸带地区，全世界经济发展地区都与港口结合在一起，共生共荣。目前，全球六大城市群、产业带均分布在沿海、临港地区，分别位于美国的大西洋沿岸和五大湖区、日本太平洋沿岸、英国伦敦一侧、欧洲巴黎到阿姆斯特丹一线，充分说明了海洋经济和区域经济互动发展，海陆经济一体化的关系。

全球海洋战略的逐步实施，使各国对海洋经济、科技、资源、海权力量、海域使用等战略利益的竞争日益激烈，由此引发的海洋岛屿、国土、资源和海上通道等的国际争端不断出现，海洋权益维护已成为世界各国海洋战略的核心内容，海洋安全也成为世界各国国家安全的主要战略方向。习总书记明确提出要"维护国家海洋权益，着力推动海洋维权向统筹兼顾型转变"，强调要统筹维稳和维权两个大局，坚决维护海洋权益。"21 世纪海上丝绸之路"战略构想的适时提出，也是我国积极应对国际海洋安全严峻形势的重要举措。

第三节 海洋经济发展中存在的问题

一、海洋产业结构中存在的问题

(一) 海洋第一产业内部有待优化，海洋新兴产业的增加值有待提高

首先，海洋第一产业内部有待优化。我国作为全球主要的海洋渔业大国，海洋渔业一直是我国海洋经济的重要组成部分，为海洋经济的发展做出了巨大的贡献。当前，我国海洋渔业由于资源和环境问题面临困境，以科技为主导和支撑的海洋渔业现代化是我国海洋渔业摆脱发展困境的根本出路。

目前，我国的海洋年捕捞量、海水年养殖量分别占世界海洋捕捞产量的15%左右和世界养殖总产量的70%以上。海洋渔业已成为我国海洋经济的支柱产业。2009年，我国海产品总产量2600万吨，自1989年后已连续20年名列世界第一。1992年以来，我国海水养殖产量居世界第一，是海洋渔业生产大国。海洋渔业已成为我国重要的基础性产业部门。但随着渔业资源的过度开发，长期以来追求产量、忽视环境承载能力的粗放型增长方式带来了一系列环境问题，海洋环境恶化、生态破坏问题日益严峻。与此同时，我国海洋渔业依然处于整个渔业价值链的低端，海洋渔业的产业结构急需进一步升级优化。且在传统海洋捕捞业发展的同时，远洋渔业、休闲渔业和海水增养殖成为当今及未来发展的新趋势。随着资源和环境制约因素的加强，实现海洋渔业从传统向现代化的转变已经成为当务之急。

其次，海洋新兴产业的增加值比重较小。海洋生物医药业、海洋电力业、海水利用业等海洋产业是极其具有生命力的新兴海洋产业，这类产业的快速发展能在很大程度上推动我国海洋产业转型升级，优化我国海洋产业结构。

随着科学技术的进步，海洋新兴产业的地位与作用日益凸显，大部分海洋新兴产业都是资金—技术密集型或技术密集型产业，其产品具有附加值高、技术含量高、资源消耗低等特点。而我国海洋第二产业内部发展不平衡，海洋产业中海洋新兴产业的比重较低，依托高新技术发展滞后，技术水平不高。2010年我国海洋第二产业占海洋产业增加值的47.8%，但海洋新兴产业增加值不足海洋产业增加值总量的10%，传统产业依然占据海洋产业的主导地位。

(二) 海洋产业中第三产业发展有待升级

海洋产业中第三产业发展仍显不足。中国海洋经济的发展态势良好，自20

世纪 90 年代以来，经过 10 多年的产业调整，海洋产业结构已初步形成了以"三二一"为序的海洋产业结构特征（见表 4 - 5），2009 年中国海洋产业三次结构比例为 5.8∶46.4∶47.8，而到 2010 年中国海洋产业三次结构比例为 5.1∶47.8∶47.1，又呈现出"二三一"的产业结构模式，但第二产业比重仅仅略大于第三产业。总体来说，近年来中国海洋产业三次产业结构基本上呈现"三二一"特征，但都未达到《国家海洋事业发展规划纲要》制定的海洋第三产业要达到 50% 以上的目标，第三产业发展仍显不足。从图 4 - 7 可以得出结论，2014 年只有上海、福建、广东、海南第三产业比重达到了 50% 以上，其余沿海 8 省（市、区）海洋第三产业比重均低于 50%，离国家规划还有一定的距离。

表 4 - 5　全国海洋生产总值构成比例　　　　　　单位：%

年份	第一产业	第二产业	第三产业
2001	6.8	43.6	49.6
2002	6.5	43.2	50.3
2003	6.4	44.9	48.7
2004	5.8	45.4	48.8
2005	5.7	45.6	48.7
2006	5.7	47.3	47.0
2007	5.4	46.9	47.7
2008	5.7	46.2	48.1
2009	5.8	46.4	47.8
2010	5.1	47.8	47.1
2011	5.1	47.9	47.0
2012	5.3	45.9	48.8
2013	5.4	45.8	48.8
2014	5.4	45.1	49.5
2015	5.1	42.5	52.4

目前，中国海洋产业第二、第三产业产值基本持平，第三产业比重略大于第二产业，说明中国海洋第三产业存在很大的升级空间和发展前景，目前第三产业中，海洋交通运输业、滨海旅游业虽然有较大发展，占海洋产业总增加值的 39.8%。但是与发达国家相比，在技术水平、管理水平及配套服务等方面还存在明显差距，海洋金融服务、海洋物流服务、海洋工程技术服务、信息服务等高端服务业发展较为缓慢，海洋第三产业的发展质量和水平还有待进一步提升。

（三）海洋产业发展同构化明显①

通过计算 2013 年的 11 个沿海省、市、区的海洋产业结构相似系数（见表
4-6），可以看出，大部分省、市、区间的产业同构系数值高达 0.9 以上，产业
同构系数最高的高达 0.999，分别为福建和浙江、浙江和山东，最低的为海南和
天津的 0.654，而 0.99 以上的就多达 13 对，分别为浙江和江苏（0.993），浙江
和广东（0.996），浙江和福建（0.996），浙江和山东（0.995），浙江和辽宁
（0.993），江苏和广东（0.997），江苏和山东（0.999），江苏和河北（0.998），
广东和河北（0.991），广东和山东（0.994），福建和广东（0.991），福建和山
东（0.990），福建和辽宁（0.997），山东和河北（0.996），而 0.9 以下仅有 8
对，说明海洋产业结构相似度非常高，产业同构化现象十分明显。

表 4-6　2013 年各沿海地区海洋产业同构系数

相似系数\地区\地区	上海	浙江	江苏	广东	广西	海南	福建	山东	天津	河北	辽宁
上海市	—	0.978	0.955	0.975	0.926	0.911	0.980	0.955	0.829	0.936	0.970
浙江省	0.978	—	0.993	0.996	0.981	0.898	0.999	0.995	0.912	0.985	0.993
江苏省	0.955	0.993	—	0.997	0.977	0.842	0.987	0.999	0.953	0.998	0.975
广东省	0.975	0.996	0.997	—	0.966	0.857	0.991	0.994	0.932	0.991	0.977
广西壮族自治区	0.926	0.981	0.977	0.966	—	0.900	0.982	0.985	0.911	0.973	0.988
海南省	0.911	0.898	0.842	0.857	0.900	—	0.918	0.860	0.654	0.814	0.940
福建省	0.980	0.999	0.987	0.991	0.982	0.918	—	0.990	0.893	0.976	0.997
山东省	0.955	0.995	0.999	0.994	0.985	0.860	0.990	—	0.946	0.996	0.983
天津市	0.829	0.912	0.953	0.932	0.911	0.654	0.893	0.946	—	0.969	0.872
河北省	0.936	0.985	0.998	0.991	0.973	0.814	0.976	0.996	0.969	—	0.964
辽宁省	0.970	0.993	0.975	0.977	0.988	0.940	0.997	0.983	0.872	0.964	—

资料来源：根据《中国海洋统计年鉴 2014》计算得出。

不同地区的区位、资源环境、产业基础等各具特色，如果产业同构化的问题
得不到解决，将加剧各地恶性竞争，进一步恶化为资源浪费、环境污染、发展效

---

①　本书通过产业同构系数计算我国 11 个沿海省（市、区）间产业同构化程度。产业同构系数是目
前应用最为广泛的计算产业相似程度的方法，系数值的高低反映了两区域间产业相似的程度，系数值越高
代表两区域间产业结构相似度越大；反之，产业结构相似度越小。

率低下等问题，深化地区发展不平衡、集中度低的双重矛盾，影响海洋产业的进一步发展。国家和各沿海省、市、区为了实现海洋产业持续健康快速发展，出台了一系列的政策措施，尤其是 2013 年启动的引领海洋产业的下一步发展方向的海洋经济发展"十二五"规划，将给未来海洋产业的发展带来重要影响。

（四）资源利用效率低，闲置浪费较严重

由于中国的计划经济和"重陆轻海"政策影响，海洋产业结构性矛盾突出，海洋资源的开发利用率较低，资源浪费严重，规模优势还未形成，海洋经济的总体发展不能满足经济社会发展的需要。

一是沿海各省（市、区）海洋产业岸线增加值率差异较大。如表 4 - 7 所示，2013 年，全国海洋产业岸线增加值为 2.14 千万元/千米，分别计算沿海各省（市、区）的海洋产业岸线增加值率可以发现，沿海各省（市、区）岸线增加值率差异较大。上海、天津的岸线增加值率远高于其他省（市、区），分别为 21.42 千万元/千米、46.09 千万元/千米，与广西的 0.94 千万元/千米、海南的 0.85 千万元/公里等形成鲜明的对比，天津的岸线增加值率是海南的 54.22 倍。差异较大的岸线增加值率从一定程度上说明了沿海各省、市、区海洋资源利用率不一，广西、海南、浙江及辽宁的资源利用率低于上海、天津等省（市、区）。

表 4 - 7 2013 年中国沿海各省（市、区）海洋产业岸线增加值率

地区	上海	浙江	江苏	广东	广西	海南	福建	山东	天津	河北	辽宁	全国
海岸线增加值率（%）	21.42	1.38	1.91	1.80	0.94	0.85	1.80	2.32	46.09	2.46	1.61	2.14

注：海岸线产值率为每千米海岸线行业的增加值，岸线产值率单位：千万元/千米。

二是港口重复建设。目前，我国 45 个主要集装箱港口中，利用率低于 70%的有 21 个，低于 40%的有 8 个。其中盲目兴建的港口一旦闲置，不仅浪费数据惊人，而且破坏的岸线资源将难以恢复。

三是港口利用效率低。我国港口普遍存在运力过剩的问题，各地区建设码头的计划过于庞大。有数据显示，大连港的利用率为 78%，青岛港为 68%，天津港为 55%，厦门港的利用率仅有 40%，运力过剩的现象较为普遍。①

二、海洋产业布局中存在的问题

虽然我国海洋产业呈现出高速增长的态势，产业结构调整初见成效，产业布

---

① 运力过剩部分大港口利用率仅过半 ［EB/OL］. http：//www.moc.gov.cn/zhishu/zhuhangju/shui-luyunshu/gongzuodongtai/201110/t20111027_ 1091515.html.

局也日渐形成，但是海洋产业的快速发展并没有与其空间布局相适应，海洋产业空间布局刚迈入海洋产业布局演进的第三阶段，点—轴分布发展之初，呈现出了较为明显的点—轴，但是点—轴内部海洋主导产业定位尚不明确，外部各海洋产业之间联动性有待进一步加强，产业空间布局中存在着空间发展不均衡和产业发展集中度较低双重矛盾，这一矛盾的出现离不开我国海洋产业结构"同构化"和"低度化"，而这些问题与产业布局缺乏统筹协调机制、规划体系不完善是分不开的。一方面，产业同构导致地区间资源配置效率低下、恶性竞争激烈，基础好、起步早的地区发展较好；反之发展较差，表现为海洋产业的空间发展不平衡。另一方面，海洋产业区域发展不平衡，并没有带来高的产业发展集中度，相反，我国海洋产业集中度低、集聚效应差，海洋产业整体处于产业链的中下游，海洋产业处于"低度化"发展阶段。

（一）海洋产业布局缺乏统筹协调机制，规划体系不完善

目前，我国海洋产业分属不同的管理主体，涉及多个部委、11 个沿海省（市、区），各个部门职能之间相互交叉，往往出现政出多门、令出多头的混乱局面。部门之间、地方之间、部门与地方之间存在各方面的权益纷争，多头管理加上缺乏统筹协调机制，我国海洋产业布局基本上处于某种无序状态。港口航道、水产养殖、石油勘探、船舶制造、盐业生产、滨海旅游等之间发生用海纠纷与矛盾已成为普遍现象。经济部门之间的激烈竞争导致很多海洋产业项目的建设，既没有考虑经济效益的投入产出，也没有进行经济效益和社会效益的综合权衡，有的甚至违背了海域的自然属性，影响到海岸带及其邻近海域的生态平衡。

2003 年国务院颁布《全国海洋经济发展规划纲要》以后，沿海各省、市、区也相继制定了本地的"十一五"海洋经济发展规划，2012～2013 年又制定了"十二五"海洋经济发展规划，对主要海洋产业的发展目标和空间分布进行宏观谋划。由于我国区域条件及社会经济条件不尽相同，并且没有太多的经验可以借鉴，海洋经济规划未能充分体现各个区域的差异，可操作性不强，尤其是各个区域的产业发展重点存在着较多的雷同，规划引导效应不明显。同时，由于缺少明确的工作规范把国家层面的海洋产业发展规划与地方海洋产业发展规划很好地衔接起来，地方在实际布局海洋产业过程中往往缺乏严谨的科学性。

（二）海洋总体开发不足与局部开发过度矛盾突出

当前，在我国海洋产业布局方面，既存在着海洋总体开发不足的问题，又存在局部过度利用的问题。我国海洋开发主要集中在资源比较丰富、生产力比较高和易于开发利用的滩涂、河口、海湾区，导致近岸海域资源开发程度较高，资源环境损坏严重，而其他大片管辖海域开发还远远不足，仍处于潜在开发状态。以油气资源开发为例，2010 年我国海洋油气产量首次超过 5000 万吨，近 10 年间我

国新增石油产量53%来自海洋,2010年这一比例超过80%,但是绝大部分来自近海海域,而远海海域基本上还处于潜在开发状态,特别是油气资源丰富的南海海域,基本没有涉足。与陆地资源相比,许多海洋资源尚未得到充分开发利用,海洋产业生产力空间布局失衡的问题十分严重。

(三)区域间发展不协调

目前,中国11个沿海省(市、区)的海洋经济发展都呈现出快速增长的态势,但各个区域之间发展很不协调。从整体上看,海洋产业生产总值和海洋产业增加值地区发展不协调的现象十分明显。2013年,中国海洋产业生产总值54313.2亿元,其中广东省、山东省和上海市分列前三位,三地之和高达27285.5亿元,占全国的50.2%,超过1/2,而与此同时,其他8个省(市、区)的海洋生产总值占比仅为49.8%,比重相对较低,尤其是位列后两位的广西壮族自治区和海南省,两地产值仅为1782.9亿元,占全国的3.3%;2013年,中国海洋产业增加值4268.3亿元,位居首位的山东省海洋产业增加值为724.9亿元,占总增加值的18%,超过1/6;位列前三位的广东省、山东省和天津市海洋产业增加值之和为2116亿元,占总增加值的49.6%;位列后三位的广西壮族自治区、海南省和河北省海洋产业增加值仅占总增加值的9.1%,三地之和仅为广东省的1/2(见图4-9)。

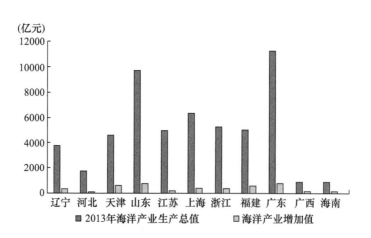

图4-9 2013年中国11个沿海省(市、区)海洋产业生产总值与增加值

资料来源:根据《中国海洋统计年鉴2014》整理。

总体来看,我国海洋产业总值和增加值存在地区发展不平衡,主要海洋产业增加值也存在地区不平衡,呈现由少数几个省(市、区)占主导的态势。2008年,我国海洋主要产业垄断不明显,空间发展相对均衡,尤其是海洋渔业、海洋船舶工业、海洋交通运输业，但同年，仅山东省的海洋渔业增加值就占全国渔业增加值的33.8%，超过1/3；辽宁省的海洋船舶工业增加值占全国海洋船舶工业增加值的26.9%，约占1/4；广东省的港口货运总量占全国港口货运总量的20%左右；其他主要产业中，山东省海洋生物医药业增加值占全国的比重达到37.6%；海洋盐业由于诸多因素影响，山东省的产量占全国的67.9%；广东省、天津市由于拥有较为丰富的油气资源，两地的海洋原油和海洋天然气产量分别占全国的86.6%和87.7%。以2009年海洋经济发展情况进行对比分析，海洋油气业增加值天津市占全国的比重达到45.5%，接近1/2；海洋生物医药业增加值浙江省占全国比重达到37.3%，超过1/3；海洋渔业增加值山东省占到全国的32.6%，接近1/3；滨海旅游业增加值上海市占全国的比重为24.0%，接近1/4，可以看出，我国海洋主要产业的地区发展不平衡也十分明显。

（四）海洋产业集中度较低

海洋产业聚集有利于打破条块分割，优化海洋产业布局的空间；产业聚集能促进产业集中度提高、产业聚集力和带动力增强、产业可持续发展能力全面提升，通过特色鲜明、辐射面广、竞争力强的海洋产业聚集区和产业集群，进而形成各具特色、优势明显的海洋产业带，提升海洋经济整体竞争力。例如，天津滨海新区已经形成了七大主导产业和六大高新技术产业群，其中七大主导产业已经占到工业总产值的90%，对区域经济发展具有极强的带动作用。但是总体而言，我国海洋产业布局较为分散，像天津滨海新区这样集聚效应明显的区域较少。

一般认为，空间发展不平衡，容易在一定程度上产生空间集聚效应，集中度就应该较高，本书以赫芬达尔—赫希曼指数（Herfindahl – Hirschman Index，HHI指数）从地区和主要海洋产业两方面衡量我国海洋产业的集中度，结果如表4 – 8所示，显示我国海洋产业的集中度无论是从地区还是从主要海洋产业的角度都处于比较低的水平。

表4 – 8　我国11个沿海省（市、区）及海洋产业的HHI指数

	HHI 指数		HHI 指数
全国（按地区）	0.1915	海洋渔业	0.1704
天津市	0.2159	海洋油气业	0.4501
河北省	0.1553	海洋矿业	0.4174
辽宁省	0.3081	海洋盐业	0.3965
上海市	0.4140	海洋化工业	0.2656
江苏省	0.1949	海洋生物医药业	0.2747
浙江省	0.1807	海洋电力业	0.4963

续表

	HHI 指数		HHI 指数
福建省	0.3282	海水利用业	0.5120
山东省	0.3331	海洋船舶工业	0.1710
广东省	0.2003	海洋工程建筑业	0.2491
广西壮族自治区	0.6680	海洋交通运输业	0.2060
海南省	0.4101	滨海旅游业	0.1777

资料来源：陈秋玲，于丽丽．我国海洋产业空间布局问题研究［J］．经济纵横，2014（12）：41－44.

HHI 指数，用特定地区或者特定行业市场上所有企业的市场份额（用 s 表示）的平方和表示。HHI 指数处于从 0 到 1 的范围，表示从完全竞争市场到完全垄断市场，或者从地区完全均衡到地区完全垄断，其中如果市场中企业的规模或者地区规模均相同，HHI 指数等于 1/n，其中 n 表示地区或者行业个数。因此，HHI 指数的大小可以反映地区或行业集中度的情况，HHI 指数越小，集中度越低；反之，集中度越高。

$$HHI = S_1^2 + S_2^2 + \cdots + S_n^2$$

式中 n 代表企业个数，S 代表企业占有的市场份额。

按照地区来看，全国 HHI 指数还不足 0.2，只达到 0.1915，接近于完全竞争，说明整体上海洋产业的集中程度较低，我国的海洋产业还没有形成空间集聚。从各个地区来看，HHI 指数最高的是海洋经济发展水平最低的广西和海南，其中广西达到 0.668，超过 0.5，集中度较高，海南为 0.41，集中程度也较高；HHI 指数较高的为海洋经济发展水平较高的上海，达到 0.414，呈现出一定的集聚特征；大部分省（市、区）HHI 指数都很低，集中度较低，空间集聚程度不显著。

从主要海洋产业来看，我国海洋渔业的发展集中度最低，HHI 指数仅为 0.1704，说明各地区均将其列为海洋经济发展的主导产业。此外，海洋船舶工业和滨海旅游业的发展集中度也较低，HHI 指数分别为 0.1710、0.1777。海洋盐业、海洋矿业的 HHI 指数在 0.4 左右，海洋油气业的 HHI 指数接近 0.5，由于三者均受资源条件限制，导致其在资源条件好的地区发展的集中度较高。对于海水利用业和海洋电力业，海水利用业的 HHI 指数为 0.5120，海洋电力业 HHI 指数为 0.4963。海水利用业和海洋电力业是新兴产业，尚处于产业发展的初期，目前仅有少数地区着手发展，因此产业发展集中度较高。

三、海洋经济发展规划中存在的问题

国家及各沿海省（市、区）出台的海洋经济发展"十二五"规划，为海洋

经济的发展提供战略指导，作为未来一段时期内海洋产业发展的指挥棒，各省、市、区空间发展战略之间的关系对于我国海洋经济的优化尤为重要。

　　根据我国沿海11个省、市、区海洋产业"十二五"发展规划确定的海洋产业的发展重点（见表4-9），按照《海洋及相关产业分类》中的12个主要海洋产业进行适当调整，对规划中优先和重点的顺序进行赋值，排在第一位赋值8，排在第二位赋值7，以此类推，在发展规划中未被提到的赋值为0。11个省（市、区）发展规划，对各省（市、区）规划的主要海洋产业，按照提出的频次进行筛选，确定海洋渔业、海洋生物医药业、海水利用业、海洋船舶工业、海洋工程建筑业、海洋交通运输业以及滨海旅游业7个产业，接下来分别对规划频次较高的这7个产业运用四分位赋值法进行分析。

表4-9　我国沿海11个省（市、区）海洋产业发展重点

省（市、区）	海洋产业发展重点
天津	海洋石油化工业、海洋精细化工业、海洋装备制造业、海水利用业、海洋工程建筑业、海洋生物医药业、海洋新能源业、海洋港口运输业、海洋现代物流业、滨海旅游业、海洋科技服务业、海洋金融服务业、海洋渔业
河北	海洋交通运输业、滨海旅游业、海洋装备制造业、海洋盐业及盐化工业、现代海洋渔业
辽宁	海洋渔业、海洋交通运输业、滨海旅游业、船舶修造业、海洋化工、海洋生物制药、海水综合利用
上海	海洋交通运输业、海洋航运服务业、滨海旅游业、船舶工业、海洋工程装备和建筑、海洋生物医药、海洋新能源、海洋渔业
江苏	海洋工程装备制造业、海洋新能源产业、海洋生物医药业、海水综合利用业、现代海洋商务服务业、海洋船舶修造业、海洋交通运输和港口物流业、滨海旅游业、临港先进制造业、海洋渔业、滩涂农林牧业、海盐化工业
浙江	港口物流、临港工业、清洁能源、滨海旅游、现代渔业、海洋科技和海洋保护
福建	海洋生物医药业、邮轮游艇业、海洋工程装备业、海水综合利用业、海洋可再生能源业
海南	滨海及海岛旅游业、海洋油气化工产业、海洋交通运输业、海洋船舶工业、海洋渔业、海洋矿产业、海洋盐业、新兴海洋产业、海洋公共服务、海洋生态环境
山东	海洋化工产业、石油化工产业、机械装备制造业、先进制造业、新能源产业、新材料产业、新医药与生物产业、新信息产业、节能环保产业、现代物流业、文化旅游业、金融保险业、科技信息服务业、现代海洋渔业、高效特色农业

续表

省（市、区）	海洋产业发展重点
广东	现代海洋渔业、高端滨海旅游业、海洋交通运输业、海洋油气业、海洋船舶工业、海洋工程装备制造业、海洋生物医药业、海水综合利用业、海洋新能源产业
广西	海洋运输业和物流业、现代渔业、滨海旅游业、海洋修造船业、临海工业

资料来源：根据天津市海洋经济和海洋事业发展"十二五"规划、河北省海洋经济发展"十二五"规划、辽宁省海洋经济发展"十二五"规划、上海市海洋发展"十二五"规划、江苏省"十二五"海洋经济发展规划、浙江省海洋事业发展"十二五"规划、福建省海洋新兴产业发展规划、海南省"十二五"海洋经济发展规划、广东省海洋经济发展"十二五"规划、"十二五"时期广西海洋经济发展规划整理。

从各个产业来看，从图 4-10、图 4-13 可以看出，海洋渔业、海洋船舶工业作为传统海洋产业，许多省（市、区）认为其发展潜力小、进一步发展的空间有限，不作为发展的重点，尤其是船舶工业，有 5 个省（市、区），即有将近一半的省、市、区不将其作为重点发展产业。

从图 4-11、图 4-12 可以看出，海洋生物医药业、海水利用业作为新兴产业，得到重视的程度仍然不够，尤其海水利用业有 6 个省（市、区），即有一半以上的省（市、区）未将其作为重点发展产业，或仅作为第八位重点发展的产业；海洋生物医药业有 5 个省（市、区），将近一半的省、市、区未将其作为重点发展产业，或仅作为第七、八位发展的产业，对其重视程度严重不足。

从图 4-14 可以看出，海洋工程建筑业仅有江苏省作为首要发展产业，其余有 5 个地区作为第五、六位发展的产业，近一半未将其作为重点发展的产业。

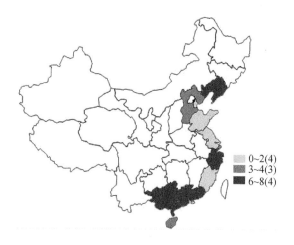

0~2(4)
3~4(3)
6~8(4)

图 4-10　海洋渔业空间分布四分位示意图

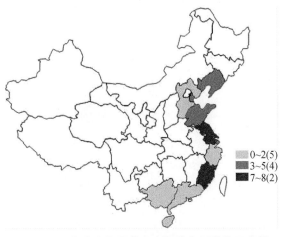

图 4 – 11 海洋生物医药业空间分布四分位示意图

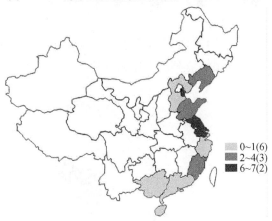

图 4 – 12 海水利用业空间分布四分位示意图

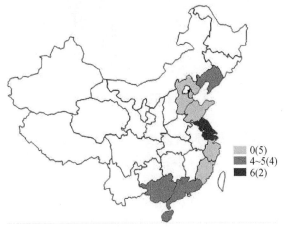

图 4 – 13 海洋船舶工业空间分布四分位示意图

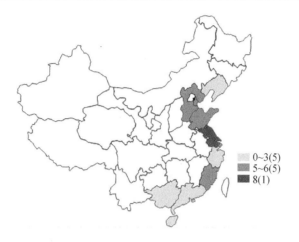

图 4 – 14　海洋工程建筑业空间分布四分位示意图

另外，从图 4 – 15、图 4 – 16 可以看出，除天津市、山东省和江苏省外，其余 8 个地区均将海洋交通运输业和滨海旅游业作为重点发展的产业。

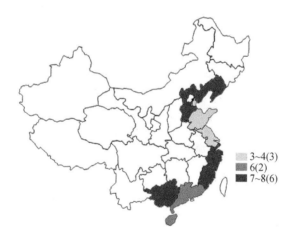

图 4 – 15　海洋交通运输业空间分布四分位示意图

从对各省（市、区）海洋经济发展"十二五"规划的对比分析中，可以看出我国大多数省（市、区）对于海洋产业的发展重点的定位不清晰，对海洋部分产业的重视程度不足与对部分产业的同构化规划并存，一方面，对于传统产业、新兴产业等"一刀切"、定位不清晰、重视不足；另一方面，对于海洋交通运输业、滨海旅游业几乎各个省、市、区都将其作为发展重点，在一定程度上必

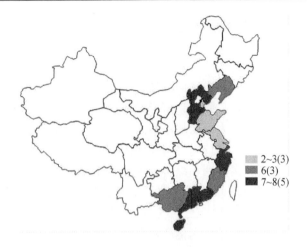

	2~3(3)
	6(3)
	7~8(5)

图 4 - 16　滨海旅游业空间分布四分位示意图

然恶化区域间恶性竞争、产业同构。由于缺乏宏观综合协调机制，我国沿海 11
个省（市、区）各自为政、产业同构、恶性竞争的状况依然会存在，产业地区
发展不平衡、集中度低的问题只能越来越严重。

第四节　本章小结

　　近年来，全球海洋经济迅猛发展，海洋产业规模也在不断增大，海洋经济已
经成为经济发展的新增长极，国家竞争日趋激烈。本章采用定性与定量相结合、
理论与实践相结合的方法，分别对我国海陆经济发展的现状、我国海洋经济发展
中存在的制约因素、海洋经济发展中产业结构、空间布局和发展战略规划中存在
的突出问题进行了深入分析。

　　中国的海洋经济发展现状具有发展速度较快，发展初具规模；产业结构总体
趋于合理，稳定性与波动性并存；产业布局上形成各具特色的点—轴发展模式；
形成四大支柱产业，新兴产业发展前景广阔；海洋产业结构差异化发展等特点。
但是，我国海洋产业的发展仍然受到管理机制不完善、易受突发因素影响、海洋
环境污染未得到控制、海洋创新能力不强等制约因素的影响，导致产业效率不
高、产业稳定性较差、产业发展易受污染影响、产业竞争力弱。

　　中国海洋产业结构内部仍然存在着产业同质同构化，传统产业多，新兴产业
少；高能耗产业多，低碳型产业少；重近岸轻远海；重速度轻效益；重资源开发

轻生态环保等问题。产业结构问题主要表现在：第一产业有待优化、新兴产业增加值比较小、第三产业有待升级、产业同构化明显、主导产业不明确、资源利用效率低等问题。

随着全球将经济发展的目光转向海洋，海洋资源开发、海洋经济发展和海洋主权保护等的综合竞争的日趋激烈，海洋经济的发展呈现出以下战略趋势：多数沿海国家都将海洋发展上升为国家战略、海洋产业结构向高级化转型、海洋资源利用从近海走向远海、海洋科技向高精深方向拓展、海洋开发保护突出生态红线制度、海洋管理强调高层次协调和综合管理、海洋权益和海洋安全意识凸显。

我国海洋产业布局具有缺乏统筹协调机制，规划体系不完善，总体开发不足，局部开发过度，各省（市、区）域间发展不平衡，区域集聚效应不明显等问题是有目共睹的，因此有必要优化产业空间、合理布局各类产业。针对这些海洋产业发展中的一系列问题，国家和地方政府也在不断努力，近期国家及各省（市、区）都出台了海洋产业"十二五"发展规划，本章通过研究各地海洋产业发展战略，利用四分位图赋值的形式研究发现我国海洋产业发展战略依然存在重点不突出、产业集聚效应不明显等问题，优势互补的产业格局尚未形成。

第五章 中国海陆产业系统耦合发展研究

　　海洋产业系统和陆域产业系统共同构成了沿海地区产业系统，在系统内部，陆域为海洋经济发展提供依附空间、人才、技术等诸多要素支撑，而海洋也为陆域经济发展提供了资源和拓展空间，海陆产业系统在要素流动下不断形成产业关联关系。本书从产业关联、要素流动双重视角出发，构建基于系统耦合、全要素耦合的海陆经济一体化测度分析框架（见图5-1），既考虑海陆经济一体化涉及的海陆产业系统的关联性，综合反映海陆经济一体化程度，又考虑海陆产业系统间差异性，从要素流动的本质上反映海陆经济一体化，通过双重视角实现对海陆经济一体化的综合全面深入衡量。

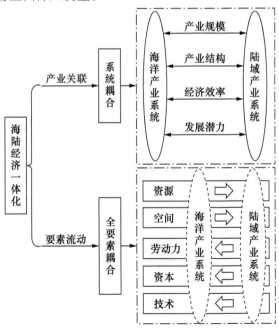

图5-1　海陆经济一体化测度分析框架

第一节 模型方法的选择

对海陆经济一体化进行测度，选择研究方法时，本书首先对比了系统耦合关联研究的相关方法（见表5-1），分析了相关研究方面的优缺点，放弃了产业经济学对于产业关联研究最为常用的里昂惕夫的投入产出分析法以及海陆产业关联研究中最常用的灰色关联分析法。

表5-1　有关系统关联关系研究的相关方法对比

方法	学科理论	主要用途	适用范围	明显优点	突出缺陷	改进办法
相关分析	统计学、计量经济学	要素之间相关分析	系统内或者系统间要素分析	简单、明了，操作方便	最小样本容量限制，要素之间作用关系是对等的	扩大样本容量、与其他方法联合使用
回归分析	统计学、计量经济学	拟合要素之间具体数量关系、预测发展趋势	系统内或者系统间要素分析	简单、明了，操作方便	最小样本容量限制，模型基础是线性方程	扩大样本容量、变量替换
模糊综合评价	模糊数学	模糊系统综合评价	系统整体性评价	数据需求少、提供评判信息丰富、适合主客观要素分析	不能解决指标间信息重叠、存在评价的主观性	增加客观数据或将数据预处理、与其他方法联合使用
主成分分析	统计学、计量经济学	数据降维处理及因素分析与综合评价	系统整体性评价	计算的权重比较客观	计算结果出现负值，不便于进一步分析	与其他方法联合使用
灰色关联分析	灰色理论、系统理论	灰色系统要素关联分析	系统耦合系统相互作用	数据需求少、提供评判信息丰富、与其他方法兼容性强	在数据无量纲化过程中，选择不当方法容易歪曲要素联系的本质	与其他方法联合使用

方法	学科理论	主要用途	适用范围	明显优点	突出缺陷	改进办法
灰色预测	灰色理论、系统理论	系数系统发展预测	子系统	数据需求较少、近期预测效果好	长期预测容易失真	与其他方法联合使用
层次分析	系统工程	多层次、多要素重要性分析及系统决策	耦合系统整体性评价	数据需求较少、思路明了，分析结构清晰	存在评价的主观性、判断矩阵一致性难以通过	改进或与其他方法联合使用
投入产出分析法	经济学、计量经济学	经济部门联系分析、经济构成与相互作用分析	耦合系统整体性评价	模型规范、计算的结果通用性强	数据翔实、模型的理论基础是线性运算	改进或与其他方法联合使用
系统动力学	系统理论	系统仿真、模拟、预测和系统要素相互作用分析	耦合系统相互作用	模型规范、思路明了，便于分析系统内部结构问题	数据较多、建模复杂、计算结果与实际容易偏差	与其他方法联合使用
灵敏度模型	系统理论、生态学	系统要素重要性辨识	耦合系统相互作用	思路明了，便于分析系统要素之间关系	存在评价的主观性、应用复杂	改进或与其他方法联合使用
人工神经网络	神经科学、系统理论	系统模式识别、过程模拟及预测	耦合系统整体性评价与预测	数据需求较少、自学习、联想存储和告诉寻解、建模简单	预测中需要训练样本、模型选取困难、收敛算法选取困难	改进或与其他方法联合使用

投入产出分析法，在海陆产业关联研究中存在以下不足：①由于使用时有诸多理论假设，具体实施起来难度较大，特别是涉及具体产业部门的统计数据，精确性严重受限；②编制投入产出表周期长、投入巨大、较为复杂，表中常是几年前的数据，落后实际产业发展，虽然可以较为方便地计算中间投入率、中间需求率，但仅限测度产业前向、后向、旁侧拉动的直接关联效应；③目前中国海洋产业的研究基础还较为薄弱，海洋产业的分类、基础统计数据、统计体系等方面仍

然不健全，无法准确编制投入产出表。

灰色关联分析法是建立在 20 世纪 80 年代中国学者邓聚龙提出的灰色系统理论基础之上的，一种对实验观测数据没有什么特别的要求和限制，适应贫信息、不确定性问题的系统建模新方法。海陆产业系统关联关系具有动态变化、要素交错、非平衡发展等多方面特点，加上海洋数据的小样本和不确定性，借助灰色关联分析法可以实现对海陆产业关联关系的描述，目前在海陆产业关联效应研究中应用最为广泛，一般采用灰色关联度来测度海陆产业关联状况。其计算步骤是：在确定自变量和因变量分别作为参考序列 X_0 和比较序列 X_i 的基础上，对变量序列进行无量纲化处理，接下来运用 $\xi_{0i}(k) = \dfrac{\Delta(\min) + \rho\Delta(\max)}{\Delta_{0i}(k) + \rho\Delta(\max)}\Delta(\max)$ 为两序列绝对差值的最大值，$\Delta(\min)$ 为两序列绝对差值的最小值计算两序列第 k 期的灰色关联系数，最后，对两序列 N 个关联系数求平均值，得到 X_i 与 X_0 关联度 $\xi_{ij} = \dfrac{1}{n}\sum_{i=1}^{n}\xi_{ij}(k)$。

这种灰色关联度计算方法，在进行海陆产业关联测度中存在以下问题：首先，在进行数据处理上存在明显缺陷，经无量纲化处理的关联度序集不具备保序效应，计算结果受分辨系数 ρ[①] 的影响，其值不同，关联度也不同，甚至关联排序也不同，影响对序列关联关系的判断；其次，目前运用灰色关联度计算海陆产业关联主要是利用海陆产业生产总值和增加值反映关联度的大小，但是这两者只能在一定程度上反映海陆经济一体化，其片面性十分明显；最后，这种灰色关联度的计算不能反映海陆产业关联度时间序列上的变化，只能研究一段时期内相对静态的情况。

由于海陆经济一体化系统满足耗散结构的四个方面特性，具有明显的耗散结构特征，本书通过借鉴物理学的耦合（Coupling），将熵值赋权法与耦合模型相结合，运用耦合模型、耦合协调模型评价海陆产业系统的耦合协调状况，实现对海陆经济一体化的测度。耦合原本是物理学的概念，指两个或两个以上系统或其内部要素间相互作用、相互关联、彼此影响以致联合起来的现象，近年来开始逐渐应用到经济、社会、地理、生物、农业、生态等研究中。目前，由于研究的复杂性、综合性，加上系统具有巨系统的特征，需要各个学科的交叉融合，系统耦合的研究备受关注，比如研究 S_1 系统与 S_2 系统的关联关系，S_1 系统与 S_2 系统通过各自的耦合元素产生相互作用彼此影响的现象可以定义为 $S_1 - S_2$ 的耦合。耦合主要指各子系统在良性互动下，相互依赖、相互协调、相互促进的动态关联

---

① 分辨系数 ρ 是为了提高关联系数间差异的显著性，一般取值在 0～1，ρ 越小越能提高关联系数间的差异。

关系，能够很好地评价海陆产业系统关联关系。

本书将海洋产业和陆域产业两大系统以及各自的耦合元素相互作用、相互关联的程度定义为海陆产业系统的耦合度，用来反映海陆产业系统相互作用、相互关联的程度，而海陆产业系统或要素的耦合协调度则反映了海陆产业系统的整体功效和内部良性协调发展的程度，耦合度和耦合协调度共同反映了海陆经济一体化的程度。

第二节 海陆产业系统耦合模型构建

一、原始数据标准化处理

明确要评价的对象海洋产业系统与陆域产业系统，以及要评价的指标。由于各指标的量纲不相同，有的数值数量级差距悬殊，无法进行直接比较，本书通过离差标准化法对数量级差距悬殊的原始数据进行无量纲处理，对于任何指标都有：

$$r_{ij} = \frac{r'_{ij} - \min_j\{r'_{ij}\}}{\max_j\{r'_{ij}\} - \min_j\{r'_{ij}\}} (i=1, 2, \cdots, m; j=1, 2, \cdots, n) \quad (5-1)$$

r_{ij} 为标准化处理过的第 i 个系统的第 j 个指标；r'_{ij}（$i=1, 2, \cdots, m; j=1, 2, \cdots, n$）为原始指标；$\max\{r'_{ij}\}$、$\min\{r'_{ij}\}$ 分别为指标 r'_{ij} 的最大值和最小值，$\max\{r'_{ij}\} - \min\{r'_{ij}\}$ 为评价指标的极差；r_{ij} 为由公式转化来的评价值，位于区间 [0，1] 之间。

二、熵值赋权法确定指标权重

指标权重是被评价对象的不同侧面重要程度的定量分配，其实质是比较各项指标和各领域层对其目标层贡献程度的大小，合理分配权重是量化评估的关键。目前权重赋值的方法较多，包括 AHP 法、模糊综合评价法、德尔菲法、离差最大化法、熵值法、变异系数法、均方差法等，熵值法与耦合模型的融合性较好，其根据来源于客观环境的原始信息，通过利用各项指标间关联程度及指标提供的信息量的大小来确定指标的权重，出发点是根据某同一指标观测值之间的差异程度反映该指标在整个指标体系中的重要程度，在一定程度上避免了主观因素带来的偏差，是一种客观赋权法。先利用熵值赋权法，计算各级指标的权重系数。然后为提高权重的可信度和准确度，采用熵技术对以上求出的各级指标权重系数进行修正。利用几何平均法和线性加权法来实现海洋产业子系统与陆域产业子系统中各指标对总系统的贡献程度。

熵值赋权法计算指标权重的具体步骤如下：

步骤一，对指标做比重变换。计算第 i 项指标下第 j 个对象的指标值的比重 P_{ij}。

$$P_{ij} = \frac{r_{ij}}{\sum_{j=1}^{n} r_{ij}} , \quad (i = 1, 2, \cdots, m; j = 1, 2, \cdots, n) \qquad (5-2)$$

步骤二，确定指标熵值。由熵权法计算第 i 个指标的熵值 s_i。

$$s_i = -k \sum_{j=1}^{n} P_{ij} \ln P_{ij} , \quad (i = 1, 2, \cdots, m; j = 1, 2, \cdots, n) \qquad (5-3)$$

式中，令 $k = 1/\ln n$，且当 $P_{ij} = 0$ 时，$P_{ij} \ln P_{ij} = 0$。

步骤三，计算指标权重。计算第 i 个指标的熵权，确定该指标的客观权重 w_i。

$$w_i = \frac{1 - s_i}{\sum_{i=1}^{m} (1 - s_i)} = \frac{1 - s_i}{m - \sum_{i=1}^{m} s_i} , \quad (i = 1, 2, \cdots, m; j = 1, 2, \cdots, n)$$

$$(5-4)$$

三、耦合度模型

系统由无序走向有序的关键在于系统序参量的相互作用，耦合度正是描述系统或要素相互影响的程度，是对相互作用的度量。通过借鉴物理学中的容量耦合概念及容量耦合系数模型，建立多个系统相互作用的耦合度模型，即：

$$C = \{(S_1 \times S_2 \times \cdots \times S_n) / [\prod(S_i + S_j)]\}^{1/n} \qquad (5-5)$$

将式（5-5）推广到海洋产业系统和陆域产业系统的耦合度模型为：

$$C = \{(S_1 \times S_2) / [(S_1 + S_2)(S_1 + S_2)]\}^{1/2} \qquad (5-6)$$

式中，S_1、S_2 分别代表海洋产业系统和陆域产业系统的综合发展水平，通过线性加权法对海洋和陆域产业系统综合发展水平进行评价，得到海陆经济一体化系统的综合发展水平为：

$$S_{1,2} = \sum_{i=1}^{m} w_{ij} s_{ij}, \sum_{j=1}^{n} w_j = 1 \qquad (5-7)$$

客观权重 w_{ij} 由上一步的熵值赋权法确定，而 s_{ij} 指变量对系统的功效贡献大小，表明各指标达到目标的满意程度，接近 1 时最满意，趋近 0 时最不满意，即 $0 \leqslant s_{ij} \leqslant 1$。系统功效 s_i 可表示为：

$$s_i = \begin{cases} (X_i - \beta_i) / (\alpha_i - \beta_i) \\ (\beta_i - X_i) / (\beta_i - \alpha_i) \end{cases} (i = 1, 2, \cdots, n) \qquad (5-8)$$

α_i，β_i 分别表示系统稳定临界点上的序参量的最大、最小限值。

耦合度 $C \in [0, 1]$，C 越大，表明系统之间的耦合程度越大，系统之间的相互作用、相互影响的程度越高；反之亦然。当 $C=0$ 时，说明海洋产业系统和陆域产业系统的耦合度最小，处于无关的无序发展状态；当 $C=1$ 时，说明海洋产业系统和陆域产业系统的耦合度最大，处于良性耦合并趋于新的有序状态。

根据耦合理论将海陆产业系统耦合划分为四种类型：①当 $C \in [0, 0.3)$ 时，海陆产业系统处于低强度耦合阶段；②当 $C \in [0.3, 0.5)$ 时，海陆产业系统进入中等强度耦合阶段；③当 $C \in [0.5, 0.7)$ 时，海陆产业系统进入高强度耦合阶段；④当 $C \in [0.7, 1]$ 时，海陆产业系统处于极高强度耦合阶段。

四、耦合协调度模型

从协同学的角度看，耦合作用及其协调程度决定了系统在达到临界区域时走向何种序与结构，即决定了系统由无序走向有序的趋势。耦合度主要用来判别海陆产业系统或要素耦合作用的强度及作用的时间区间，预警二者发展的秩序，具有重要的作用，但是，在有些情况下很难反映出海洋产业系统与陆域产业系统的整体功效与协同效应，特别是在多个区域对比研究的情况下，耦合度计算的上下限值一般取自各个地区的基准年期值和发展规划值，单纯依靠耦合度辨别可能产生误导，因为每个地区的海洋与陆域的发展都具有其交错、动态和不平衡的特性。单纯依靠耦合度来分析判别海陆经济一体化的程度，可能出现所得结论与实际情况不相符的情况，比如当海陆产业系统综合发展水平均很低时，两者的协调度却很高，这显然不合需求。简言之，耦合度指双方相互作用强弱的程度，不分利弊，而耦合协调度反映相互作用中良性耦合程度的大小，体现系统由无序走向有序的趋势。因此，需要将耦合度与耦合协调度结合起来，反映海陆经济一体化的真实水平。

虽然耦合度能说明海陆产业系统之间的相互关联度，但为了反映海陆经济一体化的整体功效与协调发展水平，还需测定海陆产业系统的耦合协调度，海陆产业系统协调指海陆产业系统或要素间一种良性的相互关联，是海陆产业系统或其系统内部要素之间配合得当、和谐一致、良性循环的关系。海陆产业系统耦合协调度可以用来评判海陆产业系统交互关联的协同程度，其算法表示为：

$$\begin{cases} D = \sqrt{C \times T} \\ T = aS_1 + bS_2 \end{cases} \quad\quad (5-9)$$

式中，T 为海陆产业系统综合评价指数，反映两者整体发展水平对协调度的贡献；a、b 为海洋产业系统和陆域产业系统的贡献系数的待定系数。一般认为海洋和陆域产业系统具有同等的重要性，因此，应该将 a 和 b 均赋值为 0.5 进行简化计算。

t 年度时间段内两个系统之间的耦合协调度为：

$$D = \frac{1}{t} \sum_{k=1}^{t} D_k \qquad\qquad\qquad (5-10)$$

式中，D_k 代表第 k 年海陆产业系统的耦合协调度。

耦合协调度 $D \in [0, 1]$，D 值越接近 1，海陆产业系统的整体功效和耦合协调发展水平越高；D 值越接近 0，海陆产业系统的整体功效和耦合协调发展水平越低。

为了更加清楚地反映各沿海地区海陆产业系统耦合关联的整体功效和良性关联水平的差异，将耦合协调度 D 按由低到高进行划分：①当 $D \in [0, 0.3)$ 时，海陆产业系统处于低水平协调阶段；②当 $D \in [0.3, 0.5)$ 时，海陆产业系统进入中度协调阶段；③当 $D \in [0.5, 0.7)$ 时，海陆产业系统进入高度协调阶段；④当 $D \in [0.7, 1]$ 时，海陆产业系统处于极高度协调阶段。

第三节　海陆产业系统耦合评价指标体系

在指标选取上，遵循全面性、完整性、代表性、可获得性、有效性、系统性等原则，从海陆产业系统关联出发，利用频度统计法、理论分析法和专家咨询法等，借鉴相关学术成果，综合性地从海陆产业规模、产业结构、经济效率和发展潜力四个方面来筛选评价指标，各选择相互对应的指标综合反映海洋产业系统和陆域系统综合发展水平，构建基于系统耦合的海陆产业系统耦合评价指标体系，测度海陆经济一体化的程度（见表 5-2）。

指标的选取大部分借鉴相关研究成果，产业规模基本上是常用的反映海陆经济规模的指标，产业结构中增加了产业结构高度化指数，在计算三次产业占比的基础上，强调产业结构高度化的发展；发展潜力指标中增加了自然保护区面积指标，这一指标虽然看似与经济系统发生的影响机制不明显，但自然保护区是保护自然资源和生态系统、维护生态安全、促进人与自然和谐、保障经济社会可持续发展的最有效的措施之一，它一方面通过建立监测巡护数据库与科研院所签订合作协议共享保护区数据，获得经济收入；另一方面，部分区域可以发展生态旅游，利用科研合作项目向游客介绍科研知识，开展环境教育，营造生态旅游品牌，带动地区经济发展。在考虑自然保护区能够带来经济效益和促进经济可持续发展的基础上，经过综合考虑将自然保护区面积作为维护经济系统可持续发展的发展潜力指标。

表 5 - 2　海陆产业系统耦合评价指标体系

		指标	单位	指标含义或算法
海陆产业系统耦合评价指标体系	海洋产业系统			
		产业规模		
		海洋生产总值	亿元	地区海洋经济活动的总量
		海洋生产总值占 GDP 比重	%	海洋生产总值/国内生产总值×100%
		海洋产业增加值	亿元	海洋产业增加值
		集装箱吞吐量	万吨	国际标准集装箱运量
		涉海就业人数	万人	涉海就业人口总量
		产业结构		
		海洋第一产业占比	%	海洋第一产业/海洋生产总值×100%
		海洋第二产业占比	%	海洋第二产业/海洋生产总值×100%
		海洋第三产业占比	%	海洋第三产业/海洋生产总值×100%
		海洋产业结构高度化指数	%	(海洋第一产业占比＋2×海洋第二产业占比＋3×海洋第三产业占比)/100
		经济效率		
		海洋生产总值与 GDP 的关联度		海洋生产总值与 GDP 灰色关联度
		海洋劳动生产率	万元/人	海洋产业增加值/涉海就业人数
		海洋产业增加值占 GDP 比重	%	海洋增加值/海洋总产值×100%
		海岸线经济密度	亿元/千米	海洋产业增加值/海岸线长度
		发展潜力		
		人均海岸线长度	米/万人	海岸线长度/总人口
		海洋自然保护区面积	平方千米	海洋所有类型保护区面积总和
		海洋科研课题数	项	海洋科研机构所有类型科研课题总数
		海洋科研从业人员占涉海从业人员比重	%	海洋科研机构从业人员/涉海就业人员×100%
		海洋科研从业人员	人	海洋科研机构从业人员总数
		海洋科研发明专利数	件	海洋科研机构拥有科技发明专利总数
		海洋科技经费收入	千元	海洋科研机构经常费收入总额
	陆域产业系统			
		产业规模		
		陆域生产总值	亿元	国内生产总值－海洋生产总值
		陆域生产总值占 GDP 的比重	%	陆域生产总值/国内生产总值×100%
		陆域固定资产投资总额	亿元	固定资产投资总额×(陆域生产总值/国内生产总值)
		陆域从业人员总数	万人	地区从业人员－涉海从业人员
		产业结构		
		陆域第一产业比重	%	(第一、第二、第三产业生产总值－海洋第一、第二、第三产业产值)/陆域生产总值×100%
		陆域第二产业比重	%	
		陆域第三产业比重	%	
		陆域产业结构高度化指数	%	(陆域第一产占比＋2×陆域第二产业占比＋3×陆域第三产业占比)/100

		指标	单位	指标含义或算法
海陆产业系统耦合评价指标体系	陆域产业系统	经济效率	陆域生产总值与 GDP 的关联度		陆域生产总值与 GDP 灰色关联度
			陆域经济密度	万元/公顷	陆域生产总值/地区陆域面积
			陆域劳动生产率	万元/人	陆域生产总值/陆域从业人数
		发展潜力	森林覆盖率	%	森林面积占土地面积的百分比
			人均水资源量	立方米/人	水资源量/地区人口总数
			人均耕地面积	公顷/人	耕地面积/地区人口
			人均公园绿地面积	平方米/人	公园绿地面积/地区人口
			陆域自然保护区面积	万公顷	自然保护区面积-涉海自然保护区面积
			陆域科研专利授权数	项	科研专利授权数-涉海科研专利授权数

第四节　中国海陆产业系统耦合的实证研究

目前海陆经济一体化的空间载体——海岸带地区的空间边界没有统一的划分标准，在综合考虑产业经济和区域经济研究的视角、中国社会经济调查、统计资料的可得性和数据的完整性等基础上，中国海陆经济一体化实证研究的范围参照行政区域标准，向海一侧以中国管辖海域的外界作为边界，向陆一侧以沿海省、市、区作为统计单元，具体包含 11 个沿海省（市、区）地域单元：天津市、河北省、辽宁省、上海市、江苏省、浙江省、福建省、山东省、广东省、广西壮族自治区、海南省。由于表 5-2 中的部分数据从 2006 年才开始有统计数据，因此研究引用《中国海洋统计年鉴（2007~2013）》、中华人民共和国国家统计局国家数据（http://data.stats.gov.cn/）以及 2004~2013 年的《天津统计年鉴》、《河北统计年鉴》、《辽宁统计年鉴》、《上海统计年鉴》、《江苏统计年鉴》、《浙江统计年鉴》、《福建统计年鉴》、《山东统计年鉴》、《广东统计年鉴》、《广西统计年鉴》、《海南统计年鉴》等公开的数据和资料，研究中国海陆产业系统的耦合度和耦合协调度，具体计算结果见表 5-3、表 5-4。

表 5 – 3　2006 ~ 2012 年中国海陆产业系统的耦合度

年份	天津	河北	辽宁	上海	江苏	浙江	福建	山东	广东	广西	海南	全国
2006	0.430	0.495	0.500	0.436	0.500	0.500	0.496	0.480	0.488	0.441	0.499	0.479
2007	0.444	0.486	0.500	0.443	0.500	0.500	0.495	0.477	0.489	0.461	0.500	0.481
2008	0.448	0.484	0.497	0.443	0.497	0.500	0.496	0.480	0.491	0.466	0.499	0.482
2009	0.450	0.451	0.470	0.46	0.499	0.499	0.494	0.487	0.489	0.499	0.499	0.481
2010	0.463	0.443	0.495	0.475	0.499	0.497	0.496	0.492	0.496	0.480	0.485	0.484
2011	0.469	0.451	0.495	0.457	0.499	0.499	0.496	0.492	0.476	0.462	0.500	0.481
2012	0.479	0.499	0.496	0.467	0.493	0.495	0.496	0.492	0.496	0.461	0.491	0.488
年均	0.455	0.473	0.493	0.454	0.498	0.499	0.496	0.485	0.489	0.467	0.496	

表 5 – 4　2006 ~ 2012 年中国海陆产业系统的耦合协调度

年份	天津	河北	辽宁	上海	江苏	浙江	福建	山东	广东	广西	海南	全国
2006	0.374	0.311	0.384	0.478	0.402	0.398	0.390	0.466	0.521	0.296	0.364	0.399
2007	0.393	0.308	0.391	0.490	0.418	0.404	0.398	0.486	0.504	0.319	0.375	0.408
2008	0.360	0.306	0.371	0.496	0.452	0.403	0.393	0.482	0.528	0.334	0.408	0.412
2009	0.351	0.284	0.459	0.522	0.459	0.412	0.371	0.455	0.544	0.378	0.411	0.422
2010	0.380	0.297	0.432	0.546	0.445	0.429	0.397	0.447	0.525	0.354	0.472	0.429
2011	0.396	0.301	0.430	0.493	0.442	0.415	0.393	0.459	0.561	0.323	0.397	0.419
2012	0.420	0.404	0.428	0.490	0.429	0.422	0.380	0.451	0.507	0.349	0.433	0.428
年均	0.382	0.316	0.413	0.502	0.435	0.412	0.389	0.464	0.527	0.336	0.409	

一、时序变化分析

根据表 5 – 3 的测算结果，2006 ~ 2012 年中国海陆产业系统的耦合度一直处于中强度耦合阶段，正在从中强度耦合向高强度耦合转变，但是提高的速度非常缓慢，仅从 2006 年的 0.479 提高到 2012 年的 0.488，说明海陆产业系统的耦合水平属于中等强度，两者相互作用的程度一般，海陆产业系统的关联度为中等程度的关联，但更突出的是进程极为缓慢。

据表 5 – 4 可知，2006 ~ 2012 年中国海陆产业系统的耦合协调度度一直处于中度协调阶段，正在从中度协调向高度协调转变，海陆产业系统关联的整体功效和协调发展水平的良性循环关系不断提升，但是提升的速度也非常缓慢，仅从 2006 年的 0.399 提高到 2012 年的 0.428，但整体来看海陆产业系统耦合协调度的变化高于耦合度的变化。

基于系统耦合的中国海陆经济一体化，从时间序列看，海陆产业系统处于中强度中协调的缓慢增长态势，说明海陆经济一体化的程度不够高，且进程极为缓慢，海陆经济一体化的道路仍然十分漫长。

海陆产业系统耦合度和耦合协调度的时序变化主要受海陆产业系统综合发展水平的影响。2006~2012年，中国海陆产业系统综合发展水平整体呈逐年上升的趋势（见表5-5），海洋产业系统的综合发展水平均高于陆域产业系统的综合发展水平，即 $S_1 > S_2$，说明海洋产业系统对系统耦合协调的功效贡献大于陆域产业系统，因此，海洋经济发展水平的高低对海陆产业系统相互作用程度有显著影响，海陆产业系统的耦合度、耦合协调度受海洋经济发展水平的影响较大。

表5-5　海陆产业系统综合发展水平及评价标准

年份	S_1	S_2	$(S_1 + S_2)/2$	S_1/S_2	S_2/S_1	S_1 与 S_2 对比关系类型
2006	1.149	1.144	1.146	1.005	0.995	$S_1 > S_2$，陆域经济发展滞后型
2007	1.269	1.117	1.193	1.136	0.880	$0.8 < S_2/S_1 < 1$，陆域经济发展比较滞后型
2008	1.319	1.211	1.265	1.090	0.918	$0.6 < S_2/S_1 < 0.8$，陆域经济发展严重滞后型
2009	1.439	1.353	1.396	1.063	0.940	$0 < S_2/S_1 < 0.6$，陆域经济发展极度滞后型
2010	1.541	1.366	1.454	1.128	0.887	$S_2 > S_1$，海洋经济发展滞后型
2011	1.793	1.242	1.517	1.444	0.692	$S_2 = S_1$，海陆经济发展同步型
2012	1.896	1.311	1.603	1.446	0.691	

中国海洋产业的发展大致可以分为三个阶段：1978年以前，仅有海洋渔业、海洋盐业和海洋交通运输业三大传统产业；20世纪90年代开始，海洋油气业、滨海旅游业实现了快速发展；21世纪以来，随着海洋生物医药业、海洋化工业、海洋新能源等的发展，新兴海洋产业逐渐兴起。伴随着海洋经济规模的扩大，海洋经济对国民经济的贡献度越来越大。研究期内，《可再生能源中长期发展规划》、《国家海洋事业发展规划纲要》、《海岛保护法》、《全国海岛保护规划》、《全国海洋功能区划（2011~2020年）》等政策法规的陆续出台，为海洋经济的发展提供了政策支持。中国海洋生产总值从2006年的2.16万亿元到2012年已突破5万亿元，年平均增长速度10%以上（见图5-2），海洋经济迅猛发展，海洋经济综合发展水平的不断提高，促进了海陆产业系统耦合度和耦合协调度的增加，促进了中国海陆经济一体化的发展。

陆域经济发展从比较滞后型进入严重滞后型阶段，2006~2010年，属于陆域经济发展比较滞后型，2011年、2012年属于陆域经济发展严重滞后型，陆域经济滞后海洋经济的程度不断加大。海陆产业系统综合发展水平之和，即 $(S_1 + S_2)/2$，仅从2006年的1.146提高到2012年的1.603，提高的程度较低，主要原因在于陆域产业系统综合发展水平几乎没有提高，在一定程度上拉低了海洋产业系统综合发展水平带来的海陆产业系统相互关联、相互协调程度的提高，说明海陆经济一体化程度被陆域产业系统滞后拉低了。陆域经济虽然规模较大，但是存在结构不合理、发展缓慢及发展潜力小等一系列问题，尤其近年来资源和空间的制约越来越严重，从规模、结构、效率和潜力四个方面多指标去衡量，发展滞后的趋势越来越明显，海陆产业系统综合发展水平提升较慢，严重影响了海陆经济一体化的进程。

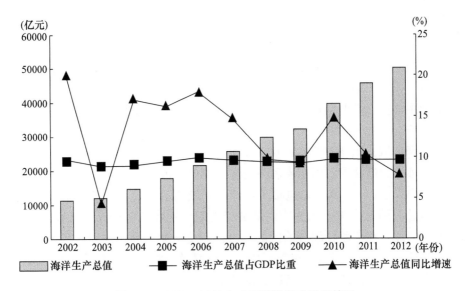

图 5 - 2　2002～2012 年中国海洋产业增长情况

中国海洋经济近几年虽然发展较快，但整体上还未形成陆域经济和海洋经济"双轮驱动"的发展态势，海洋产业占 GDP 的比重仍然不足（10% 左右），尤其是新兴产业规模较小，如 2010 年中国海洋第二产业占海洋产业增加值的 47.8%，但海洋新兴产业增加值不足海洋产业增加值的 10%，传统产业依然占据主导地位。同时，海洋政策体系中行业、地区、部门割裂现象依然普遍存在，中国海洋产业分属不同的管理主体，涉及多个部委、11 个沿海省（市、区），各个部门职能之间相互交叉，部门、地方、部门与地方之间存在多方面权益纷争，多头管理加上缺乏统筹协调机制，导致港口航道、水产养殖、石油勘探、船舶制造、盐业生产、滨海旅游等用海纠纷与矛盾普遍存在。目前海陆产业布局同构化、海洋资源无序无度无偿开发、海洋生态环境污染和破坏等问题依然严峻，海陆产业系统进一步向协同有序一体化方向发展仍有较大的提升空间。

二、空间差异分析

根据表 5 - 3 的测算结果，中国 11 个沿海地区海陆产业系统的耦合度除个别年份、个别区域（2006年、2007年的辽宁省和江苏省，2006～2008年的浙江省以及2007年的海南省）是高强度耦合外，其余全部是中强度耦合，耦合度的空间差异较小，几乎都处于中强度的耦合阶段，说明中国11个沿海地区海陆产业系统相互作用、相互关联的程度差异较小，均为中等程度的关联。虽然各沿海地区经济规模差异较大，但海陆产业系统耦合度的空间分异不明显。

从表5-4可以看出，耦合协调度D存在一定的空间差异，依照耦合协调度的大小可以划分为高协调和中协调两类：

高协调区域，耦合协调度值在0.5以上，包括上海市和广东省两个区域，占到区域总数的18.2%。其中，广东省的海洋产业规模最大，2011年海洋经济综合发展水平第一，2006～2012年陆域经济综合发展水平均为全国第一；上海市的产业效率最高、产业结构最为高级，除了2011年，海洋经济综合发展水平均为全国首位。

中协调区域，耦合协调度在0.3以上、0.5以下，其中在0.4～0.5的包括辽宁省、江苏省、浙江省、山东省和海南省五省份，占到区域总数的45.5%；协调度值在0.3以上、0.4以下，包括天津市、河北省、福建省和广西壮族自治区，占到区域总数的36.3%。天津市的陆域经济综合发展水平2006～2012年均为全国最低；河北省和广西壮族自治区的耦合协调度分别为0.316和0.336，属于耦合协调最低的区域，河北省2007～2011年的海洋经济综合发展水平均为全国最低，广西壮族自治区的海洋经济综合发展水平2006年、2012年为全国最低。

海陆产业系统耦合度的空间差异较小，耦合协调度存在一定空间分异，说明上海市和广东省向良性耦合发展的程度较高，达到了海陆经济系统发展的磨合阶段，随着海陆产业关联度的提高，海陆经济一体化的程度最先达到较高的水平，大部分地区处于耦合度和耦合协调度同步发展阶段。

由于海陆产业系统耦合度和耦合协调度受海洋经济的影响较大，空间分异的存在也离不开海洋产业集中度较低、地区发展不平衡的存在。通过赫芬达尔—赫希曼指数（Herfindahl－Hirschman Index，HHI指数）[1]从地区和主要海洋产业衡量中国海洋产业的集中度（见表5-6），发现中国海洋产业集中度较低。按地区衡量，全国HHI指数不足0.2，接近于完全竞争；按主要海洋产业衡量，三大传统产业的集中度最低，海洋盐业、海洋矿业、海洋油气业受资源条件限制，在资

---

① HHI指数，用特定地区或者特定行业市场上所有企业的市场份额（用S表示）的平方和表示，$HHI = S_1^2 + S_2^2 + \cdots + Sn^2$。HHI指数处于从0到1的范围，表示从完全竞争市场到完全垄断市场，或者从地区完全均衡到地区完全垄断，其中如果市场中企业的规模或者地区规模均相同，HHI指数等于1/n，其中n表示地区或者行业个数。因此，HHI指数的大小可以反映地区或行业集中度的情况，HHI指数越小，集中度较低；反之，集中度越高。

源条件好的地区发展的集中度较高，海水利用业和海洋电力业等新兴产业，尚处于产业发展的初期，仅有少数地区有所发展。

表 5 – 6　中国 11 个沿海地区及海洋产业的 HHI 指数

	HHI 指数		HHI 指数
全国（按地区）	0. 1915	海洋渔业	0. 1704
天津市	0. 2159	海洋油气业	0. 4501
河北省	0. 1553	海洋矿业	0. 4174
辽宁省	0. 3081	海洋盐业	0. 3965
上海市	0. 4140	海洋化工业	0. 2656
江苏省	0. 1949	海洋生物医药业	0. 2747
浙江省	0. 1807	海洋电力业	0. 4963
福建省	0. 3282	海水利用业	0. 5120
山东省	0. 3331	海洋船舶工业	0. 1710
广东省	0. 2003	海洋工程建筑业	0. 2491
广西壮族自治区	0. 6680	海洋交通运输业	0. 2060
海南省	0. 4101	滨海旅游业	0. 1777

　　海洋产业集中较低，造成沿海地区经济最发达的省市，能够拿出更多的资金发展海洋这种风险大、投资高、技术要求高的经济部门，其海洋经济的竞争力较强，海洋经济能够实现较早快速的发展，海陆产业系统的整体功效和良性耦合程度较高。另外，一些海洋资源较为集中的地区，海洋经济也实现了一定发展，如广东省的近海石油、旅游、电力和渔业资源具有优势，上海市海洋交通运输业、海洋船舶工业和滨海旅游业具有优势，山东省的海洋渔业、海盐业和近海油气资源较为丰富，中国海洋经济发展地区不平衡的现状也很好地印证了这一点。

　　以 2010 年为例，中国海洋产业生产总值 39572. 7 亿元，其中广东省、山东省和上海市分列前三位，三地之和高达 20552. 7 亿元，占全国的 52%，超过1/2，其他 8 个省（市、区）的海洋生产总值占比仅为 48%，尤其是位列后两位的广西壮族自治区和海南省，不足全国的 3%。2010 年，中国海洋产业增加值 22831 亿元，位居首位的广东省达 5066 亿元，占总增加值的 22. 19%，超过 1/5；位列前三位的广东省、山东省和上海市增加值之和为 12125. 6，占总增加值的 53. 1%；位列后三位的河北省、广西壮族自治区和海南省增加值仅占总增加值的 5. 8%，三地之和仅为广东的 1/4，地区海洋经济发展不平衡十分明显（见图 5 – 3）。

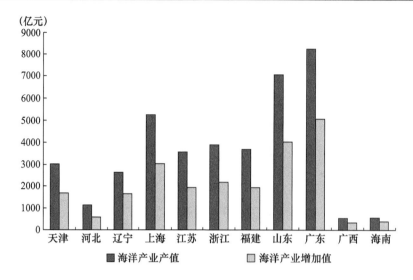

图 5-3　2010 年中国沿海地区海洋产业生产总值与增加值

第五节　本章小结

　　本章从产业关联的视角出发，在对系统耦合关联分析方法进行研究的基础上，放弃了产业经济学中产业关联最为常用的投入产出分析法和海陆关联研究常用的灰色关联分析法，引入物理学的耦合，将熵值赋权法与耦合模型相结合，构建海陆产业系统耦合模型，进行海陆产业系统或要素耦合协调的评价，测度海陆经济一体化的程度。在构建海陆产业系统耦合评价指标系统的基础上，运用海陆产业系统耦合模型，以中国为例进行实证分析，测算了中国海陆产业系统的耦合度和耦合协调度，并分析了其发展的时空分异特征。

　　（1）海陆经济一体化的测度是复杂的，海陆经济系统关联关系较为密切，本章从经济规模、产业结构、经济效率和发展潜力构建了海陆产业系统耦合评价指标体系。

　　（2）2006~2012 年中国海陆产业系统的耦合度和耦合协调度，时序变动呈现出一定的增长特征。耦合度处于中强度阶段，为中强度向高强度变化阶段；耦合协调处于中度协调，为中协调向高协调变化阶段；两者均呈现一定的增长态势，但进程极为缓慢，说明中国海陆产业系统相互作用、相互关联、良性耦合的程度不高，海陆经济一体化的程度不够，且进程极为缓慢，道路较为漫长。究其原因，海陆产业系统综合发展水平整体呈逐年上升的趋势，但受海洋产业系统综合发展水平影响较大，海洋经济虽然发展较快但综合发展水平上升较为缓慢，且发展过程中存在比重较低、割裂现象普遍存在等各方面问题；陆域经济从比较滞后型进入严重滞后型阶段，拉低了海洋经济对海陆产业系统综合发展水平的影响，海陆经济没有形成"双轮驱动"的发展态势。

（3）中国 11 个沿海地区海陆产业系统耦合度均为中强度耦合，耦合协调度呈现一定的空间分异特征，分为高协调区域和中协调区域，上海市和广东省为高协调区域，其余均为中协调区域。上海市和广东省海陆经济相互作用、相互关联程度中等，但良性耦合进入高协调阶段，海陆经济一体化进入磨合发展阶段，其余地区耦合度和耦合协调度均为中等，处于同步发展阶段。海洋经济集中度较低，造成区域海洋经济发展不平衡，在一定程度上也造成了海陆经济一体化的空间分异。

中国海洋经济虽然发展较快，但由于重视程度不够，大规模的海洋开发时间较短，存在规模较小、集中度低带来的恶性竞争、区域发展不平衡等问题，限制了海洋经济对于海陆经济一体化提升的带动作用，同时，陆域经济综合经济发展水平滞后程度的加深，拉低了海洋经济的贡献度，中国海陆经济一体化发展任重道远。

第六章　中国海陆产业要素
耦合发展研究

生产要素是产业发展的物质来源和基础，主要包括自然资源、劳动力资源、资本、技术等。海陆经济一体化，从本质上讲，就是通过资金、能源、劳动力、技术、生产信息等生产要素在海陆产业子系统间不断流通与循环实现的。生产要素在海陆产业系统间的流通，能够促进海陆产业系统间资源互通共享、实现不足的互补，提高海陆经济一体化的程度。

全要素耦合的概念来源于全要素生产率中的"全要素"，即生产过程中全部要素投入，由于本节讨论的海陆经济一体化是基于本质上海陆生产要素流动的视角，运用耦合模型和耦合协调模型测度海陆产业系统间生产要素的耦合协调关系，为了进一步突出海陆产业系统间要素耦合的特征，因此运用全要素耦合的概念反映海陆产业系统间投入要素的耦合协调关系。

全要素耦合，从海陆资源最优化配置和海陆经济的良性互动与融合发展的角度，构建海洋资源、空间要素与陆域资本、劳动力、技术要素耦合的海陆经济一体化评价指标体系，利用耦合模型和耦合协调模型研究了海陆产业系统的耦合协调状况，从本质上揭示了海陆经济一体化的发展程度。

第一节　海陆产业系统间要素的流动

现代产业发展的突出特点是行业和地域分工不断细化、生产专业化不断增强，因此，产业间、地域间生产要素的自由合理高效流动，已经成为现代产业发展的主要驱动因素，海陆产业系统间要素的流动，驱动了海陆经济一体化的发展。

一、资源的流动

随着经济发展中工业化进程的加快，陆域资源能源、发展空间不足的问题越来越突出，已经成为经济发展的制约因素，目前工业中20%的生产能力由于资源能源不足而闲置，生活用能源按照最低标准需求估计缺少22%，当前非常重要的是提高海洋资源开发能力，发展海洋经济。

海洋是人类生存环境的重要组成部分，对人类生存、发展有着极为密切的关系。海洋是一个巨大的蓝色资源宝库，蕴含着丰富的资源。海洋资源分狭义海洋资源和广义海洋资源，其中狭义海洋资源指与海水本身有直接关系的能量、物质，包括海洋生物、海洋能资源、海洋矿产、海水化学等资源；广义海洋资源除了上述外，还包括港湾、水产资源的加工、海洋交通运输航线、海上风能、海底地热、海洋旅游景观等（见表6-1）。

表6-1　海洋为人类提供的主要资源及作用

资源类型	作用
物质资源	海洋蕴藏着地球上80%的生物资源，其中的渔业资源等是人类食品的重要来源，海洋水产品往往富含优质蛋白质；海底还蕴藏着丰富的油气资源和各类矿产资源
空间资源	人们可以建海底隧道、跨海桥梁和海上机场，甚至可建海洋空间站。以阳光、沙滩以及海岛丰富的历史文化为基础，可以大力发展海洋旅游业
海运通道	国际贸易中的货物多数是通过远洋运输来实现的。我国80%的外贸进出口货物是通过海洋运输来完成的。随着对外交往的不断深化，国际经济不断融合
海洋能源	风能、太阳能、潮汐能、波浪能、海流能和温差能等海洋能源具有可再生性，是自然存在的巨大能源来源，是清洁能源，是21世纪人类值得重视的替代能源

地球上80%的生物资源在海洋，90%的动物蛋白质在海洋，海洋中的生物资源蕴藏量高达325亿吨，新药和深海基因资源比较丰富，从海洋生物中提取的医药保健新产品已有6500多种，深海基因资源的市场前景约为30亿美元/年。海洋里还有极为丰富的矿藏资源，海水中蕴藏着80多种元素，在海底，储存了大量的石油、煤、硫黄和天然气。据估计，整个地球上的石油总储量约为3000亿吨，其中海洋石油为1350亿吨；海洋中的天然水合物资源量约占全世界煤石油、天然气总储量的两倍；海洋中的再生能源达1528亿千瓦；海底蕴藏的多金属结核资源总量约为3万亿吨，其中目前有商业开发潜力的有750亿吨。同时，海洋还是世界重要的交通运输通道。

近岸海域蕴藏着丰富的油气资源及深海底的矿产资源，要比陆域丰富得多。

随着勘探技术的提高，勘探活动已向深水区发展，目前已在海平面以下 4000 米的海底开采到石油。截至 2010 年，中国海洋石油天然气产量超过 5100 万吨，占全国石油总产量的 1/4，全国海域范围内已建成 82 个油气田，生产了全国 1/4 的年产量，中国是世界四大海洋产油国之一。目前，中国新增海洋原油进入高速发展期，形成新增石油来自海洋的比例越来越大的发展趋势，2001～2010 年，一半以上（53%）新增石油产量来自海洋，2010 年高达 80% 的新增石油产量来自海洋。更为重要的是，目前海油国内外储量达到 56.72 亿吨，液化天然气海外拥有 5.2 亿吨，且已探明的原油和天然气储量分别仅占资源储量的 17.6% 和 11.9%，80% 以上的油气资源有待进一步勘探，中国海洋油气资源勘探尚处在早期阶段，持续发展的前景十分远大。

海陆产业子系统间，存在着由海向陆和由陆向海的双向能源流动，但从流量上看，在当前陆域资源能源开发殆尽严重紧缺的情况下，由海向陆的能源流动远远大于由陆向海的能源流动，因此，能源在海陆产业子系统间流动的总方向是由海洋产业子系统指向陆域产业子系统，随着海洋开发水平的不断提高、海洋能源开采量的扩大和海洋能利用水平的提高，海洋为经济发展提供资源能源和空间的比例将持续增大。

二、资金的循环

资金循环是指资金在海洋产业子系统内部、陆域产业子系统内部及海陆产业系统之间的流通、分配的动态过程，正是由于这种动态循环，才使得资金在海陆经济一体化巨系统内部按照效益最大化的原则合理流动，实现资金的合理配置，尤其是中国在当前生产资金短缺的情况下尤其重要。

资金的循环流动是一个向量，拥有大小和方向，当前，从拥有的资金总量上看，陆域产业系统要远远大于海洋产业系统，因此尽管在资金的具体循环中存在着由海向陆、由陆向海的双向流动，但是经过叠加之后，资金流动的总方向是由陆域产业子系统指向海洋产业子系统。陆域产业的资本存量明显高于海洋产业，因此陆域产业的平均边际报酬低于海洋产业，这为资本由陆域产业向海洋产业流动提供了可能。此外，国家不断增大对海洋产业的扶持力度，颁布了一系列有利于海洋产业发展的政策和法律法规，将加快海洋产业层次的提升和结构的调整，这对于加速资本从陆域产业向海洋产业流动具有重要的意义。

海洋经济的发展要以陆域经济的高度发展作为基础，通常陆域经济整体实力较强的地区，才能拿出更多的资金发展海洋这种风险大、投资高、技术要求高的经济部门，中国海洋经济发展地区不平衡的现状也很好地印证了这一点，上海、广东、山东、浙江是沿海地区经济最发达的省市，同时也是目前海洋经济发展水平最高的地区。

三、技术的传播

技术是指为制造特定工业产品所需要的管理、组织及技能方面的知识，是供人类利用和改造自然界的物质手段、精神手段和信息手段的总和。在生产力系统的诸多要素中，科学技术属于加强和提高其他要素质量的要素。

技术在海陆间的传播和转移促进了海洋经济的发展，使得经济活动由陆域延伸到海洋。陆域经济相关技术的成熟、向海洋经济的传播为人类开发海洋资源、发展海洋经济提供了可能性和必要的手段。技术的进步和传播能够促进海陆产业间的技术合作，促进海陆产业链条的衔接。随着科技水平的不断提高，技术在海陆产业系统间传播的步伐不断加快，海陆产业间技术循环的周期得到了缩短。

技术分为"软件"和"硬件"。"硬件"是指物化在资本产品中的技术，"软件"是指文献及内涵的知识。生产系统要运用物化、文献、内涵三方面的知识，因此技术在海陆产业间的转移通常包括"硬件"和"软件"的双重转移。技术可以存储于许多不同的形态中，因此，其在海陆产业间的转移可以通过以下方式实现：①在海陆产业间进行生产资料或中间产品的流通、循环的过程中同步进行着产业间技术的转移、传播。②通过对产业运行中涉及的信息的买卖实现技术在海陆产业间的转移、传播。这些信息包括两类：非财产形态的信息，可以很方便地被买到，没有特殊限制；或财产形态的信息（如企业专门的秘诀），可以在有限制的条件下出售。③以人作为技术在海陆间传播、转移的媒介。通过具有专门技能和内涵知识的人从事服务进行技术转移：安装生产系统、解决设备启动过程中的有关问题、进行生产计划与管理、质量控制、维护专业机械与设备等。

各个产业都有自己独特的核心技术，这种核心技术是该产业得以存在和发展的基础保证，在海洋产业和陆域产业之间，围绕核心技术构架起来的技术功能对促进海陆产业的进一步发展具有举足轻重的作用（见图 6 - 1）。

由于陆域科技的进步广泛应用于海洋领域使海洋资源开发利用及生产加工趋向"陆地化"，海洋新兴产业的建立正是开发利用陆域资源的高新技术扩散与传播的结果，在此过程中，海陆之间获得了双重效益。

技术进步是推动海陆经济一体化的最活跃因素，对海陆产业发展的影响较大，具体表现如下：

第一，陆域技术进步促使新的海洋产业和产业部门形成。

在科技进步的作用下，一方面，原有海洋产业和产业部门分解，某些产品或原有生产过程的某一阶段随着生产技术的变革和社会需求的扩大而分离出来，形成新的产业和产业部门；另一方面，科技革命又促进新的生产部门形成。这是因

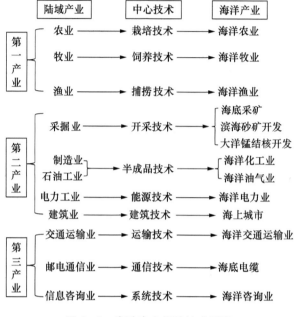

图6-1 海陆产业间的技术关联

为新技术的发明和利用,扩大了社会分工的范围,创造了生产活动的新领域,形成了新的生产门类和生产部门。例如,陆域养殖技术促进了海水养殖业的发展,陆域地质考察业促进了海洋地质考察业的进步,陆域生物技术促使海洋生物医药业的发展,陆域采掘技术的进步,形成了海底油气、砂矿开采业。技术进步促进了海洋产业的发展进步,将陆域产业活动延伸到海洋。

第二,技术进步使原有海洋产业和产业部门得到改造。

由于科学技术的进步,便有可能采用新技术、新工艺和新装备来改造原有产业,提高传统产业的技术水平,促进原有产品的更新换代并提高其附加值,甚至创造出全新的产品。例如,传统的盐业生产主要以日晒盐为主,新的盐化工艺的发展必将提高海盐产品质量和附加值,使产品种类多样化,进而推动海盐业的快速发展;渔用机械、渔具、渔用材料的不断制造改进以及造船技术的进步使得海洋捕捞的范围逐渐扩大,由近海逐渐向远海、远洋发展。

第三,技术进步促进海洋产业结构升级。

技术进步不但能促进新的产业部门形成、改造原有的产业部门,还可以促进海洋产业结构的不断完善和升级。从海洋产业的发展历程看,随着技术的进步,海洋产业的发展已经从传统的"行舟楫之便、兴鱼盐之利"发展到今天的海洋化工业、滨海造船业、海洋生物制药与保健品业、海洋信息服务业、深海矿产资源的开发等,充分说明了海洋产业逐渐由第一产业向第二、第三产业发展、过渡。随着海洋第二、第三产业的发展，特别是第三产业的快速发展，产业结构不断得到升级改造。

四、劳动力转移

比较劳动生产率，也称相对国民收入，是指一个部门产值与总产值之比，与该部门劳动力占总劳动力之比之间的比率。一般来说，当某产业部门的比较劳动生产率小于1时，会存在着生产要素的外流现象；反之，则会有生产要素流入。利用比较劳动生产率这个指标可以衡量各海洋经济部门的效益水平，也可以利用这一指标与陆域进行比较，从而说明海洋经济部门在劳动生产率水平上与陆域经济部门之间的差异。

通过计算中国海陆经济部门比较劳动生产率发现：中国陆域劳动生产率稳定在0.93、0.94，由于劳动生产率小于1，存在生产要素外流现象；海洋劳动生产率，受环境、开发技术等的影响出现一定的波动，保持在1.52~1.67，海洋的比较劳动生产率大于1且明显高于陆域劳动生产率，两者之间的差距十分明显（见图6-2），存在生产要素从陆域向海洋的持续流入。这说明在海陆经济两个子系统之间存在着生产要素的流动，且流动方向由陆域经济部门流入海洋经济部门，这种流动当然包括劳动力在海陆产业系统之间的流动。海洋产业系统作为劳动力的流入部门在吸纳劳动力方面具有更大的潜力。海洋经济部门在吸纳劳动力方面远远优于陆域经济部门，海洋产值的增长不仅带来了经济总产值的增加，同时也能够提供大量的就业机会，缓解地区的就业问题。

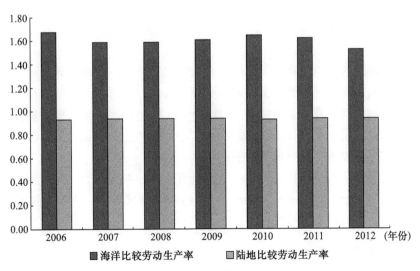

图6-2　中国海陆比较劳动生产率的对比

第二节　海陆产业要素耦合发展的测度体系

海陆经济一体化，从国家经济发展整体考虑，能够达到资源、资金、技术和人才的有效利用，实现合理优化配置。海陆经济一体化，从本质上讲，就是海洋资源、空间要素与陆域资本、劳动力、科技要素不断流动的结果。本节通过构建海陆全要素耦合衡量海陆经济一体化程度，在指标选取上，遵循代表性、可获得性、有效性、系统性等原则，借鉴相关学术成果，从海陆经济一体化的内涵、核心和本质出发，结合海陆产业系统间要素流动的本质和流向，选择海洋产业系统的资源、空间要素以及陆域产业系统的资本、劳动力、技术要素，运用海陆产业系统耦合模型，测度海陆产业系统要素的耦合协调关系，构建基于全要素耦合的海陆经济一体化测度体系。

一、海洋资源要素

以往对经济增长效率的研究，较多偏重于对劳动与资本两种要素的考察，而从谋求可持续发展的角度看，这种分析是有缺陷的，因为它实际上隐含了一个假定，即在经济发展的过程中自然资源是不稀缺的，但这与现实显然是严重背离的。因此，一个更好的做法，是应该把对经济发展有重要作用的自然资源尽可能纳入研究范围。由于资源能源在海陆产业子系统间流动的总方向是由海洋产业子系统指向陆域产业子系统，因此，选择海洋资源要素作为海洋产业系统的投入要素。

对于资源投入量的计算，国内研究有采用生态足迹、能源投入量等，本书借鉴相关研究成果，采用能源消费量表示资源投入量，能源消费量的具体数据来自历年《中国能源统计年鉴》中分地区规模以上工业企业能源消费总量，然后根据海洋资源投入量＝沿海地区能源消费量×（海洋生产总值/沿海地区生产总值）的公式进行处理，整理出海洋资源投入量。

海洋空间投入量采用《中国海洋统计年鉴》、中国海洋经济信息网（http：//www. cme. gov. cn/gss/index. html）中的确权海域面积、人均海岸线长度从面和线两方面反映海洋空间投入量。

二、陆域资本要素

资本作为最常用的要素投入之一，由于中国没有现成的关于资本存量的统

计，其测量方法存在长时间的争议，有些学者简单地使用固定资本存量或者固定
资本投资额代表资本存量，而目前普遍采用的测算方法是戈登史密斯（Gold-
smith）在1951年开创的永续盘存法。代表性的学者研究见表5－2。

永续盘存法的估算公式为：

$$K_{it} = K_{it-1}(1 - \delta_{it}) + I_{it}$$

式中，i指第i个省（市、区），t指第t年，K_{it}代表第t期资本存量，K_{it-1}为
$t-1$期资本存量，δ_{it}代表经济折旧率，I_{it}是基期资本存量。

表6－2　资本存量估计方法对比

文献	基期资本存量	投资流量指标	价格指数指标	折旧率
Chow	根据统计年鉴公布的1952年全民所有制企业的固定资产净值，按照一定比例测算1952年全社会的资本存量	生产性积累额	投资隐含平减价格指数	0
Jefferson 等	不详	工业新增固定资产	建筑安装成本指数与设备购置价格指数的加权平均	统计数据
王小鲁和樊纲	不详	全社会固定资产投资、投资交付使用率、固定资产形成	固定资产投资价格指数	5%
张军和章元	利用地区历年历史数据并根据地区GDP与全国的比重测算全国资本存量	生产性积累额，固定资产投资额	固定资产投资价格指数	0
张军等	各省（市、区）1952年的固定资本形成除以10%	固定资本形成总额	固定资产投资价格指数	9.6%
单豪杰	地区1953年的实际资本形成额比上平均折旧率10.96%与1953~1957年投资增长率的平均值之和	固定资本形成总额	固定资产投资价格指数	10.96%

由于中国没有过大规模的资产普查，所以本书中所采用的方法是在估计一个
基准年后运用永续盘存法按不变价格计算各省（市、区）的资本存量。在资本
存量的估计上，主要借鉴了张军等对1952~2000年中国分省物质资本存量估算
的部分结果，以其中2000年的资本存量为基年，各省固定资本形成总额的经济
折旧率δ_{it}按照9.6%进行资本存量的估算。

基期资本存量 I_{it}，借鉴张军等对 1952～2000 年中国分省物质资本存量估算中 2000 年的计算结果。

对于资本存量 K_{it-1} 由 K_{it-1} = 固定资本形成总额 × 固定资本投资价格指数的计算公式得出，其中固定资本形成总额来自国家数据（http：//data. stats. gov. cn/）的地区年度数据，固定资本投资价格指数用 2000 年以来以上一年为 100 的固定资产投资价格指数连乘即可，即：

2000 年固定资产投资价格指数 = 100

2001 年固定资产投资价格指数（以 2000 年为 100）= 2001 年固定资产投资价格指数（以上一年为 100）

2002 年固定资产投资价格指数（以 2000 年为 100）= 2001 年固定资产投资价格指数（以上一年为 100）× 2002 年固定资产投资价格指数（以上一年为 100）

2003 年固定资产投资价格指数（以 2000 年为 100）= 2001 年固定资产投资价格指数（以上一年为 100）× 2002 年固定资产投资价格指数（以上一年为 100）× 2003 年固定资产投资价格指数（以上一年为 100）

以此类推，得出 2003～2012 年 11 个沿海地区的固定资本投资价格指数。

分别将计算出的 K_{it-1}、借鉴的 2000 年的中国分省物质资本存量 I_{it} 和 9.6% 的折旧率 δ_{it} 代入永续盘存法的估算公式 $K_{it} = K_{it-1}(1 - \delta_{it}) + I_{it}$ 中，可以得到 2003～2012 年 11 个沿海地区的资本存量，然后根据陆域资本投入量 = 沿海地区资本存量 ×［（沿海地区生产总值 - 海洋生产总值生产总值）/沿海地区生产总值］的公式进行处理，整理出陆域资本投入量。

三、陆域技术要素

技术要素采用《中国科技统计年鉴》沿海 11 个省（市、区）的研究与试验发展（R&D）经费内部支出作为科技要素的投入。

四、陆域劳动力要素

目前，各国建议使用劳动工时对劳动投入进行质量和效率上的调整，准确地测量劳动投入量。总工时数用实际投入的就业人数乘以每人每年平均的劳动时间数计算劳动投入，能够准备反映劳动投入量，但是目前中国没有关于劳动工时的详尽统计资料，无法采用国际常用的方法核算劳动投入。目前的实证研究中，大多采用劳动者人数这一概念代表劳动投入量，所以本书也采用劳动者人数，即《中国海洋统计年鉴》中的地区从业人员总数减去涉海就业人数代表陆域劳动力要素的投入。

第三节　中国海陆产业要素耦合的实证研究

运用海陆产业系统耦合模型，引用《中国海洋统计年鉴（2004～2013）》、中国海洋经济信息网（http：//www.cme.gov.cn/gss/index.html）、中华人民共和国国家统计局国家数据（http：//data.stats.gov.cn/）以及 2004～2013 年的《天津统计年鉴》、《河北统计年鉴》、《辽宁统计年鉴》、《上海统计年鉴》、《江苏统计年鉴》、《浙江统计年鉴》、《福建统计年鉴》、《山东统计年鉴》、《广东统计年鉴》、《广西统计年鉴》、《海南统计年鉴》等公开的数据和资料，研究中国的海陆产业要素的耦合度和耦合协调度，具体计算结果见表6-3、表6-4。

表 6-3　2003～2012 年中国海陆产业要素的耦合度

年份	天津	河北	辽宁	上海	江苏	浙江	福建	山东	广东	广西	海南	全国
2003	0.499	0.403	0.476	0.459	0.383	0.387	0.480	0.442	0.401	0.184	0.478	0.134
2004	0.500	0.427	0.497	0.494	0.430	0.434	0.482	0.458	0.434	0.348	0.485	0.322
2005	0.500	0.449	0.467	0.493	0.483	0.465	0.494	0.497	0.479	0.406	0.463	0.374
2006	0.488	0.446	0.484	0.500	0.441	0.432	0.485	0.473	0.455	0.270	0.460	0.500
2007	0.478	0.452	0.489	0.499	0.456	0.423	0.483	0.475	0.443	0.276	0.463	0.498
2008	0.452	0.449	0.492	0.496	0.453	0.415	0.484	0.472	0.440	0.274	0.457	0.492
2009	0.438	0.409	0.493	0.477	0.455	0.414	0.464	0.469	0.429	0.274	0.447	0.481
2010	0.433	0.414	0.494	0.481	0.454	0.397	0.451	0.464	0.421	0.273	0.436	0.470
2011	0.408	0.420	0.495	0.465	0.450	0.386	0.434	0.456	0.401	0.265	0.427	0.457
2012	0.388	0.446	0.495	0.457	0.446	0.371	0.415	0.456	0.393	0.275	0.415	0.450
均值	0.458	0.432	0.488	0.482	0.445	0.412	0.466	0.466	0.430	0.285	0.453	

表 6-4　2003～2012 年中国海陆产业要素的耦合协调度

年份	天津	河北	辽宁	上海	江苏	浙江	福建	山东	广东	广西	海南	全国
2003	0.092	0.088	0.124	0.102	0.143	0.123	0.112	0.163	0.159	0.042	0.025	0.108
2004	0.105	0.104	0.155	0.126	0.163	0.157	0.125	0.189	0.186	0.061	0.032	0.183
2005	0.116	0.124	0.214	0.137	0.219	0.192	0.147	0.255	0.225	0.072	0.032	0.228

续表

年份	天津	河北	辽宁	上海	江苏	浙江	福建	山东	广东	广西	海南	全国
2006	0.122	0.199	0.249	0.159	0.289	0.205	0.161	0.322	0.240	0.129	0.052	0.343
2007	0.130	0.207	0.267	0.166	0.314	0.221	0.177	0.341	0.258	0.134	0.056	0.356
2008	0.138	0.214	0.290	0.174	0.332	0.236	0.191	0.361	0.278	0.139	0.059	0.369
2009	0.148	0.207	0.312	0.176	0.351	0.250	0.205	0.376	0.299	0.146	0.064	0.380
2010	0.164	0.214	0.339	0.187	0.370	0.263	0.217	0.395	0.321	0.155	0.068	0.395
2011	0.176	0.229	0.363	0.194	0.390	0.277	0.230	0.411	0.341	0.162	0.073	0.414
2012	0.187	0.220	0.389	0.200	0.408	0.289	0.241	0.434	0.359	0.172	0.079	0.427
均值	0.138	0.181	0.270	0.162	0.298	0.221	0.181	0.325	0.267	0.121	0.054	

一、时序变化分析

据表 6 - 3 可知，2003 ~ 2012 年中国海陆产业要素的耦合度在从 2003 年的 0.134 的低强度耦合上升到 2004 年的 0.322、2005 年的 0.374 的中强度耦合阶段，到 2006 年上升到最高值 0.5 进入高强度耦合阶段，2007 ~ 2012 年又下降到中强度耦合阶段，并呈现逐渐下降的趋势，耦合度从 0.498 下降到 0.45，整体上看，以 2006 年为分界点，可以将 2003 ~ 2012 年中国海陆产业要素的耦合演进曲线分为两个阶段（见图 6 - 3）。

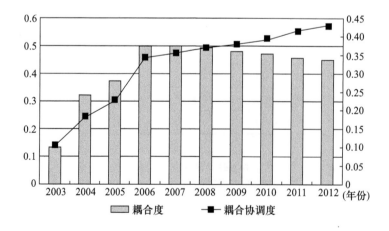

图 6 - 3　2003 ~ 2012 年中国耦合度和耦合协调度的时序演进曲线

第一阶段为 2003～2006 年的海陆产业要素耦合度波动上升阶段。2001 年，《中华人民共和国海域使用管理法》颁布实施，为中国海洋经济的科学规范发展奠定了基础；2002 年，国家海洋局发布了《全国海洋功能区划》，这是中国实施的第一部全国性海洋功能区划；2003 年，国务院正式公布《全国海洋经济发展规划纲要》，这是中国政府为促进海洋经济综合发展制定的第一个具有宏观指导的规划，此外《无居民海岛保护与利用管理规划》正式实施；2004 年《中华人民共和国港口法》，2005 年《海水专项规划》，一系列海洋法律法规政策的颁布实施，为沿海地区海陆经济的发展提供了政策支持，未达到清洁海域面积从 2003 年的 17.5 万平方千米下降到 2006 年的 14.89 万平方千米（较清洁海域面积 5.1 平方千米，轻度污染 5.21 平方千米，中度污染 1.74 平方千米，严重污染 2.84 平方千米）。但是海洋政策体系中行业部门割裂现象依然普遍存在，协调管理体制尚未形成，来自陆域产业的陆源污染物入海后严重破坏近岸海域生态承载能力，制约海水增养殖、滨海旅游等海洋产业发展；海洋产业通过大面积围填海、港口重复建设、海滨砂矿无序采掘等方式造成滩涂、植被等破坏，导致海岸线侵蚀加重、风暴潮灾害频发等，对海岸带地区陆域产业布局产生影响，海陆产业重复布局同构化低度化、海洋资源无序无度无偿开发、海洋生态环境污染和破坏等问题依然严峻，并没有从根本上得到缓解。

第二阶段为 2006～2012 年的海陆产业要素耦合度波动下降阶段。《国家中长期科学和技术发展规划纲要（2006～2020 年）》、《中华人民共和国物权法》（2007 年通过）、《可再生能源中长期发展规划》（2007）、《国家海洋事业发展规划纲要》（2008）、《全国科技兴海规划纲要（2008～2015 年）》（中国首个以科技成果转化和产业化促进海洋经济又好又快发展的规划）、《海岛保护法》（2009）、《全国海洋经济发展"十二五"规划》（2012）、《国家海洋事业发展"十二五"规划》（2013）等法律法规政策陆续出台，在政策的规范作用下，海陆经济发展过程中产权更加明晰，恶性竞争、信息不对称、负外部性、垄断等市场失灵现象得到一定程度的遏制，但综合发挥市场机制和宏观调控机制的作用，可使海陆产业系统实现一体化发展，仍有较大的提升空间。

2003～2012 年，中国海陆产业要素的耦合协调度呈现持续提高及阶段性变化的特征。研究期内，耦合协调度 D 稳步提高，由 2003 年的 0.108 提高到 2012 年的 0.427（见表 6-4、图 6-3），对照耦合协调度的划分，耦合协调度从低水平协调进入中等强度的协调阶段，2003～2005 年为低水平协调阶段，2006～2012 年为中等强度的协调阶段，说明从全要素耦合的视角看，海洋产业系统和陆域产业系统之间具有良性耦合不断增强的阶段性变化特征。

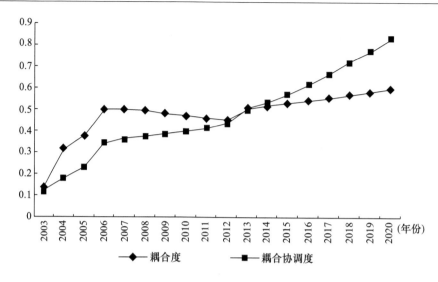

图6-4 2003~2020年中国海陆产业要素耦合度和耦合协调度的时序演进

整体上看，中国海陆产业要素2003~2012年的耦合度和耦合协调度均呈现一定的增长态势，基于全要素耦合的中国海陆经济一体化的程度呈现加强趋势、整体功效不断增强、内部协调性不断提高，但近年来的变化较小，且没有实现同步变化的良性共振，说明基于全要素耦合的中国海陆经济一体化的进程较为缓慢，海陆产业相互作用、相互关联的程度亟待加强，海陆经济一体化的道路依然十分漫长。

随着海洋开发利用方式向循环利用型转变、海洋经济发展向质量效益型转变，海洋经济增长速度不断加快、效率不断提升，海洋的资源、能源和空间优势带来的发展潜力越来越明显，海洋经济作为国民经济的新增长极将扮演越来越重要的角色，海陆经济一体化的程度能够得到进一步的增强。

为了探究海陆产业要素的未来发展状况，研究其时序演变趋势，引入灰色系统预测的GM（1，1）模型其进行预测。以表6-3、表6-4 2003~2012年中国海陆产业要素的耦合度、耦合协调度为原始数据，输入由刘思峰等开发的灰色系统理论建模软件3.0中的GM（1，1）预测系统进行建模计算，输入预测时间序列数（设t_1=2013年，t_3=2015年，t_8=2020年），得到2013~2020年中国的海陆产业要素耦合度和耦合协调度的预测结果（见图6-4）。按照耦合度和耦合协调度发展的速度，模型运算的结果显示，到2013年海陆产业要素的耦合度将提高到0.5044，进入高强度耦合阶段；2014年海陆产业要素的耦合协调度将提高到0.5310，进入高度协调发展阶段，两者在2014年进入良性共振的同步协调发展阶段。

二、空间差异分析

根据表6-3的测算结果，中国海陆产业要素的耦合度除广西壮族自治区及个别区域、个别年份（广西壮族自治区除了2004年、2005年其余均为低强度耦合，天津市2004年、2005年均为高强度耦合，上海市2006年为高强度耦合）外，其余全部是中强度耦合，耦合度的空间差异较小，几乎都处于中强度的耦合阶段，说明中国11个沿海地区海陆产业要素相互作用的程度均一般。

从图6-4可以看出，研究期内，中国11个沿海地区耦合协调度 D 整体上除了河北省波动增长外，其余均呈现稳定增长的态势。

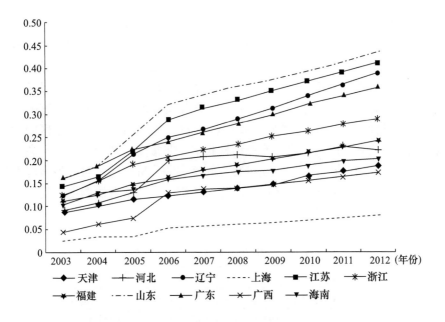

图6-5　中国11个沿海地区耦合协调度的变化

研究期内，中国11个沿海地区耦合协调度 D 具有一定的区域差异，按照耦合协调度值的大小可以划分为：中等协调区域，耦合协调度值在0.3以上的山东省，占区域总数的9.1%。低水平协调区域，耦合协调度值在0.3以下的其余11个沿海地区，其中耦合协调度值在0.2以上，0.3以下，包括辽宁省、江苏省、浙江省和广东省，占到区域总数的36.4%；耦合协调度值在0.1以上，0.2以下，包天津市、河北省、上海市、福建省、广西壮族自治区，占到区域总数的45.5%；耦合协调度值在0.1以下的海南省，占到区域总数的9.1%。

海洋经济在一定程度上可以说是陆域经济活动在海洋上的延伸，从要素流动的角度看中国海陆经济一体化的程度不深，且阶段性变化明显，要素流动的机制不健全，海陆产业系统相互作用程度不高，相互作用的进程较为缓慢。一方面，虽然海洋的资源和空间优势十分明显，但受自然条件、当前科技水平等的限制，开发利用程度依然不足；另一方面，陆域较长的开发时间虽然积累了丰富、成熟的开发经验，但由于中国大规模的海洋开发时间仍然较短，对海洋的重视程度不够，陆域经济在海洋上的延伸不够。

第四节　中国海陆经济一体化发展的空间聚类分析

整体上看，中国海陆产业系统要素的耦合度和耦合协调度在空间上不具有对应性，还没有形成良性共振，且耦合协调度中除了山东省其余均为低协调区域，上海市、广东省传统经济强区并未入列。各沿海地域单元区位、自然环境、资源禀赋、产业基础等各具特色，海洋经济区域不平衡普遍存在，通过计算中国 2010 年 11 个沿海地区的海洋产业同构系数① （见表 6 – 5），发现大部分地区间的产业同构系数值高达 0.9 以上，海洋产业结构相似度非常高，产业同构化现象十分明显。为此，本节对海陆经济一体化进行空间聚类的分析，通过对沿海地区发展阶段的区域分类，以期提高各地区的海陆产业的耦合度和耦合协调度，促进沿海地区整体海陆经济一体化进程。

表 6 – 5　2010 年中国海洋产业同构系数

地区	上海	浙江	江苏	广东	广西	海南	福建	山东	天津	河北	辽宁
上海	—	0.976	0.939	0.983	0.934	0.910	0.979	0.957	0.872	0.924	0.963
浙江	0.976	—	0.987	0.997	0.981	0.890	0.999	0.996	0.943	0.979	0.997
江苏	0.939	0.987	—	0.986	0.962	0.809	0.981	0.997	0.984	0.999	0.981
广东	0.983	0.997	0.986	—	0.963	0.869	0.995	0.993	0.945	0.978	0.987
广西	0.934	0.981	0.962	0.963	—	0.919	0.984	0.975	0.910	0.953	0.993
海南	0.910	0.890	0.809	0.869	0.919	—	0.905	0.848	0.694	0.784	0.906
福建	0.979	0.999	0.981	0.995	0.984	0.905	—	0.992	0.931	0.972	0.998
山东	0.957	0.996	0.997	0.993	0.975	0.848	0.992	—	0.969	0.993	0.992

---

① 产业同构系数是目前应用最为广泛的计算产业相似程度的方法，系数值的高低反映了两区域间产业相似的程度，系数值越高代表两区域间产业结构相似度越大；反之，产业结构相似度越小。

续表

地区	上海	浙江	江苏	广东	广西	海南	福建	山东	天津	河北	辽宁
天津	0.872	0.943	0.984	0.945	0.910	0.694	0.931	0.969	—	0.991	0.934
河北	0.924	0.979	0.999	0.978	0.953	0.784	0.972	0.993	0.991	—	0.973
辽宁	0.963	0.997	0.981	0.987	0.993	0.906	0.998	0.992	0.934	0.973	—

以中国沿海11个地域单元海陆产业要素耦合度、耦合协调度为依据,并且用人均GDP代表海陆产业系统实际发展水平,可以判断出各地域单元子系统间耦合协调发展情况。具体地,以中国沿海11个地域单元为变量,人均GDP、2003~2012年基于全要素耦合的各地域单元子系统耦合度、耦合协调度为个案综合考量,利用SPSS19.0软件进行系统聚类分析(Hierarchical Cluster)。原始数据标准化用极差标准化方式,聚类方法选择"组内连接",度量标准选择"平方Euclidean距离",得到聚类结果树状图(见图6-6)。选取标尺值为15,将11个地域单元分成3类。每一类别中的地域单元在海陆产业系统耦合态势方面具有共同点,并且不同类别间存在明显差异。

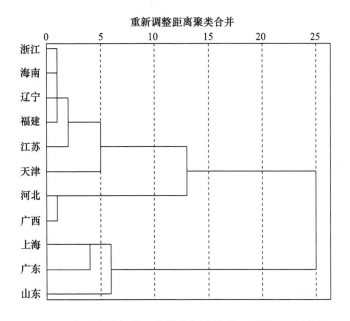

图6-6 中国海陆经济一体化空间地域单元系统聚类树状图

(1)磨合阶段。上海市、广东省和山东省这三个区域处于磨合阶段,其中按照系统耦合上海市和广东是中强度高协调,山东省为中强度中协调向中强度高协调迈进；按照要素耦合山东为中强度高协调，上海市和广东省为中强度中协调向中强度高协调迈进。这三个区域海陆经济要素开始互相促进，但相互作用的程度急需加强，这样经济发展才能继续走向良性耦合协调，进入协调阶段，可以视为海陆经济一体化的先行示范区。

这类区域陆域产业体系完善，海洋经济发展水平高，海洋生产总值位居沿海地区前三位，已形成海洋交通运输业、滨海旅游业、海洋船舶工业和海洋渔业为主体的比较完善的海洋产业体系，经济发展具有明显优势，人均生产总值位居全国领先地位；水和土地等陆域资源紧缺，人均拥有量较低，海洋经济对地区经济贡献度大，海洋生产总值占 GDP 的比重位居全国前列；海洋产业结构较为合理，第一产业比重较低，海洋第二产业、第三产业比重较高，产业结构高级化程度高；海洋科技实力雄厚。作为海陆经济一体化发展的先行示范区，通过试点推广其成功的体制、机制和经验，充分发挥排头兵的示范引领辐射作用，带领其他地区海陆经济一体化发展。

（2）拮抗阶段。辽宁省、江苏省、浙江省和海南省这四个区域从系统耦合角度看耦合度属于中强度，协调度也属于中协调，天津市、福建省处于中强度低协调向中强度中协调迈进，这类区域从要素耦合角度看属于中强度低协调向中强度中协调迈进，海陆经济一体化进入拮抗阶段，可以视为海陆经济一体化的重点核心区。

中国沿海一半以上地区，海洋经济发展水平较高，地区经济实力处于中等水平，海洋第三产业结构较合理，海陆经济耦合协调处于拮抗阶段，与上海市、广东省、山东省相比还有一定差距，处于较高水平，存在较大的发展空间，可以作为海陆经济耦合协调发展的重点核心区，通过优惠政策引导海陆生产要素流动、科技创新助力海陆产业链条的提升和完善、法律法规保障海陆经济健康协调发展，不断提高海陆经济耦合协调发展水平。

（3）低水平耦合阶段。河北省和广西壮族自治区从系统耦合角度这两个区域海陆产业系统相互影响、相互作用已经达到中等程度，但是协调程度依然较低，从要素耦合的角度看，广西壮族自治区为低强度低水平的耦合协调，河北省为中强度低水平的耦合协调，两者在时间上不具有对应性，没有实现良性共振，协调性急需加强，可以视为海陆经济一体化的后发优势区。这类区域海洋经济实力较低，尤其是广西壮族自治区海洋经济实力为全国沿海地区最低，必须充分发挥海洋经济发展的后发优势，主动承接先行示范区与重点核心区的海陆产业转移。

通过对沿海地区发展阶段的区域分类，能够提高地区的海陆产业相互作用、相互关联、相互协调的程度，促进中国海陆经济一体化进程，以期推行差异化的海陆经济一体化发展政策。

<h1 style="text-align:center">第五节　本章小结</h1>

（1）海陆经济一体化从本质上讲，就是海陆产业系统间要素流动的结果。海陆产业系统间要素的流动，具体体现在资源的流动、资金的循环、技术的传播和劳动力的转移，基于海陆产业系统要素流动的本质和要素的流向，构建全要素耦合的海陆经济一体化评价指标体系。

（2）实证分析中国 2003~2012 年的海陆产业系统要素耦合度和耦合协调度，时序变动上，均呈现出一定的增长和阶段性变化特征，耦合度可以分为 2003~2006 年的波动上升和 2006~2012 年的波动下降两个阶段，耦合协调度可以分为 2003~2005 年的低水平协调和 2006~2012 年的中等强度协调两个阶段，但整体看海陆经济一体化的进程较为缓慢，海陆产业关联的程度亟待加强，通过 GM（1，1）的灰色预测到 2014 年两者进入良性共振的同步协调发展阶段；空间分异上，除广西壮族自治区外均为中强度耦合，耦合协调度分为中等协调和低水平协调两类区域，山东省为中等协调，其余均为低水平协调。

（3）通过产业同构系数分析，发现中国海洋产业同构化严重，通过对沿海地区海陆经济一体化发展阶段进行空间聚类的分析：上海市、广东省和山东省处于磨合阶段，可以作为先行示范区；辽宁省、江苏省、浙江省、海南省、天津市、福建省处于拮抗阶段，可以作为重点核心区；河北省和广西壮族自治区处于低水平耦合阶段，可以作为后发优势区，通过聚类分析实现区域分类，以期实现差异化的方式提高各地区的海陆经济耦合协调度，促进沿海地区整体海陆经济一体化进程。

第七章　中国海陆经济一体化
发展的驱动机理

　　海陆经济一体化从产业关联和要素流动的视角分析，具有不同的时空变化特征，本章借助协调学的哈肯模型，研究其背后的原因。海陆产业系统作为复杂开放的系统，具有显著的自组织特征，在海陆经济一体化自组织演化过程中，受到海陆经济相互依赖度和海陆资源共享度的推动与影响，本章借助计量经济学的Stata 软件，分析海陆经济一体化发展的驱动机理，采用绝热消去法分析海陆经济一体化的序参量和控制变量，以中国为分析样本，运用海陆资源共享度和海陆经济相互依赖度的面板数据进行模型求解，得到不同发展阶段中国海陆经济一体化的主要驱动因素（见图7－1）。

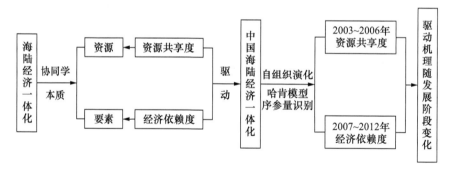

图7－1　海陆经济一体化驱动机理分析框架

第一节　哈肯模型

　　哈肯模型是由德国物理学家、协同学创始人哈肯提出的，他利用协同学中的微观方法，将在一定外部条件下由系统内部不同变量相互作用而发生的系统结构演变过程用数学形式进行描述。哈肯模型首先设定快、慢两类变量，通过计算区分出快、慢两类变量，找到系统的线性失稳点，消去快变量，慢变量主宰着系统的演化与发展，支配快变量的行为，是系统演化的序参量，从而可得到序参量方程，通过这个方程即可研究系统有序结构的自发形成和演化过程。目前在产业系统的演化分析中，哈肯模型给予了较强的理论支撑，经济解释力逐渐凸显。

一、绝热近似原理

通常情况下，可以假设系统行为效果 $q(t)$（t 时刻）仅依赖于外力 $F(t)$（t 时刻），与其他时刻的外力无关，且 $F(t)$ 是随时间衰减的函数，$F(t) = ae^{-\delta t}$，a 是常数，δ 是阻尼系数。

方程 $\dot{q}(t) = \gamma q + F(t)$ 的解为：

$$q(t) = \frac{a}{\gamma - \delta}(e^{-\delta t} - e^{-\gamma t})$$

因为系统对外力响应具有瞬时性，响应过程被称为"绝热"过程，即响应过程进行得非常快，来不及进行能量交换。假设系统的行为效果 $q(t)$ 随时间的衰减比外力 $F(t)$ 随时间的衰减快得多，即系统的阻尼远远大于外力的阻尼，$\lambda \gg \delta$，此时 $q(t) = \frac{a}{\gamma}e^{-\delta t} = \frac{1}{\gamma}F(t)$。

$\lambda \gg \delta$ 是绝热消去法对快变量进行消除的前提假设，必须满足这一假设，绝热近似原理才成立。

二、序参量演化方程

在不考虑随机涨落项的条件下，假设一个子系统及参量是内力，用 q_1 表示；另一个子系统及参量被这个内力所控制，用 q_2 表示。哈肯模型将两个系统的两个状态变量 q_1、q_2 的基本关系表述如下：

$$\dot{q_1} = -\lambda_1 q_1 - a q_1 q_2 \tag{7-1}$$
$$\dot{q_2} = -\lambda_2 q_2 + b q_1^2 \tag{7-2}$$

式中，λ_1、λ_2 是阻尼系数，a、b 分别反映 q_1、q_2 相互作用强度。式（7-1）、式（7-2）反映了两个子系统的相互作用关系。

根据上文提到的绝热近似原理，与外力作用的系统类似的要求是，当内力 q_1 不存在或被撤除时，子系统 q_2 是稳定的、有阻尼的，会由于阻尼作用而返回到 $q_2 = 0$ 的稳定状态，这就意味着 $\lambda_2 \gg |\lambda_1|$，即子系统 q_2 的阻尼远远大于内力 q_1 的阻尼，子系统的变化和衰减比内力的变化和衰减快得多。因此，$\lambda_2 \gg |\lambda_1|$ 被称为该运动系统的"绝热近似假设"，在实际运用中要求二者相差基本上大于一个数量级。假设当子系统（7-1）不存在时，子系统（7-2）是阻尼的，

绝热近似条件成立，即 $\lambda_2 >> |\lambda_1|$，表明状态变量是迅速衰减的快变量，因此可采用绝热消去法，突然撤去 q_2，q_1 来不及变化，令 $\dot{q_2} = 0$，由式（7-2）可得近似解：

$$q_2 \approx \frac{b}{\lambda_2} q_1^2 \qquad\qquad (7-3)$$

它表示子系统（7-1）支配子系统（7-2），后者随前者的变化而变化，q_1 决定了 q_2，因此，q_1 是系统的序参量，它通过其支配能力使系统形成有序结构，从而主宰着系统的演化。将式（7-3）代入式（7-1）得到序参量演化方程，由于序参量支配着整个系统，这也是系统的演化方程：

$$\dot{q_1} = -\lambda_1 q_1 - \frac{ab}{\lambda_2} q_1^3 \qquad\qquad (7-4)$$

由于物理方程是针对连续型随机变量设定的，将其运用至经济分析通常要做离散化处理：

$$q_1(k+1) = (1-\lambda_1) q_1(k) - a q_1(k) q_2(k) \qquad\qquad (7-5)$$
$$q_2(k+1) = (1-\lambda_2) q_2(k) + b q_1(k)^2 \qquad\qquad (7-6)$$

式中，k 为基准时间，表示进行离散化处理后，子系统状态变量的基准普遍状态，此时，系统有一定态解为 $q_1 = q_2 = 0$。

三、势函数

对于任何物理或生物系统，所有物体都会因系统位置的移动产生不同的势能，如将某重物提升到某高度，便获得了一定的重力势能，下落则表示其重力势能对外做功。势函数能有效判断整个系统是否处在稳定状态，因此哈肯通过对系统运动方程以及序参量的探讨求出系统的势函数，从而进一步来判断系统所处状态。

对 $\dot{q_1}$ 的相反数积分可求得系统势函数：

$$v = \frac{1}{2} \gamma_1 q_1^2 + \frac{ab}{4\gamma_2} q_1^4 \qquad\qquad (7-7)$$

势的平衡点由 $q_1 = 0$ 来确定，在物理中，可以用粒子在山坡上的行为做类比，当 $a \times b \times \gamma_1 \times \gamma_2$ 符号为正时，方程存在唯一解 $q_1^* = 0$，对应图 7-2 中的势函数（1），无论粒子最初在山坡上的哪一点，最终都将回到唯一稳定点 A 点，任意一点 X 的状态由其与 A 点之间距离决定。当且仅当 $a \times b \times \gamma_1 \times \gamma_2$ 符号为负时，方程有三个解：

$$q_1^* = 0; \quad q_1^{**} = \sqrt{\left|\frac{\gamma_1 \gamma_2}{ab}\right|}; \quad q_1^{***} = -\sqrt{\left|\frac{\gamma_1 \gamma_2}{ab}\right|}$$

此时，q_1^* 是不稳定点，系统无论处于什么状态，都将回归到 q_1^{**} 或 q_1^{***} 两个最终平衡点，对应图 7-2 中的势函数（2），C 点时不稳粒子最终将回到 B、D 两点，任意一点 X'的状态由其与 B 点或 D 点的距离决定。

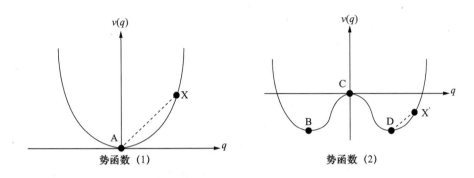

图 7-2　哈肯模型的势函数

第二节　变量选取与数据测算

　　海陆经济一体化发展的整体效益取决于海陆产业系统内部及系统之间的运行状态，而决定其一体化演变路径的是系统序参量（最关键的驱动因素）以及参量（所有驱动因素）间的相互作用机理。因此，分析海陆经济一体化的驱动机理，首先要把握主要驱动因素的演变特征及其对海陆经济一体化发展的具体作用机理，在此基础上才能识别出控制海陆经济一体化发展的序参量，并探寻序参量与其他驱动因素间的运作机理，从而系统性论述海陆经济一体化驱动机理。

　　海陆经济一体化强调海洋产业系统和陆域产业系统间相互协作并有机地整合成有序演变状态，始终保持差异性与关联性的辩证统一关系，其本质是资源、要素的协同。从经济发展战略的角度来讲，应通过海陆经济一体化的协同管理，协调各产业系统间的资源配置、产业要素流动，发挥各自的比较优势，产生一体化发展的协同效应。

一、变量选取

　　本书在借鉴相关研究成果的基础上，运用海陆资源共享度反映海陆经济一体化发展的资源禀赋差异的本质，用海陆相互依赖度反映要素流动带来的产业关联的本质，选取海陆资源共享度和海陆相互依赖度两个变量作为驱动要素进行研究。选取的依据如下：

（1）海陆资源共享度反映的是海陆经济发展所需资源的共享，体现的是海洋经济和陆域经济对公共物品的分享分配能力。海陆经济一体化发展的本质之一"资源禀赋"，反映海陆产业子系统各自的资源禀赋，包括资源、能源、资金、劳动力、发展空间、技术以及管理经验等多方面的差异，这些资源禀赋能够直接形成比较优势，是产业子系统参与一体化的根本。此外，从海陆经济一体化的动力机制可以看出，海陆经济一体化主要受海陆产业系统的差异性带来的势能差的影响，这也反映了海陆资源禀赋形成的资源共享的差异。

（2）海陆经济相互依赖度反映海洋经济和陆域经济在当前经济发展中的相互关联程度。海陆经济一体化发展的本质之二"要素"，不仅映射了海洋产业系统和陆域产业系统各自的资源享赋，更蕴含了海陆产业系统间要素共享的一体化内涵，即表现为海陆产业系统的关联性，形成了海陆经济相互依赖关系。

（3）哈肯模型自身建模要求两个变量进行运算。

（4）通过对中国海陆经济一体化进行评价，发现目前海陆经济一体化水平低且进程极为缓慢，海陆产业系统间的要素流动不通畅，海陆产业系统关联机制尚未形成，海陆经济相互依赖度、海陆资源共享度相互促进的关系并未完全建立，因此，中国海陆经济一体化的演化正需要选择海陆资源共享度和海陆经济相互依赖度这两个变量作为演化特征研究的关键变量。

综上所述，海陆资源共享度和海陆经济相互依赖度这两个变量基本反映了海陆经济一体化的本质特性，并且符合哈肯模型两个变量的要求，作为当前中国海陆经济一体化演化的关键因素，识别哪个变量驱动作用更为明显，对于推动海陆经济一体化发展至关重要，通过哈肯模型分析这两个变量何为序参量，可以得到中国海陆经济一体化的演化驱动机理。

二、数据测算

本章通过实证分析的方法运用面板数据衡量中国海陆经济一体化演化的序参量和控制变量。所使用2003～2012年沿海11省（市、区）生产总值GDP、海洋生产总值GOP、地区就业人数和涉海就业人数，原始数据来源于《中国海洋统计年鉴》、《新中国60年统计资料汇编》、《中国国内生产总值核算历史资料》。在使用资本数据时，笔者先根据单豪杰关于中国省际资本存量估算的方法计算出中国沿海省市的资本存量，再根据海洋资本存量＝海洋生产总值×沿海省市资本存量/沿海地区生产总值的公式进行处理，整理出海洋和陆域经济资本存量；科技投入则使用沿海11省（市、区）的研究与试验发展（R&D）经费内部支出作为科技要素的投入。

（一）海陆经济相互依赖度

海陆经济之间的相互依赖关系包括多个方面，考虑到数据的可获得性，将相互依赖关系简化为两个经济体之间的相互依赖关系，然后根据灰色关联模型来测度，由于海陆经济体的规模对二者之间的关系具有持续影响，所以在此加入规模差异变量，来进一步反映二者之间的关系。

运用海陆灰色关联研究方法，使用《中国海洋统计年鉴（2004～2013）》中的各沿海省（市、区）主要海洋产业生产总值和地区生产总值，用地区生产总值减去主要海洋产业生产总值代表陆域经济生产总值，求出2003～2012年各地区的海陆关联度（见表7－1）。

表7－1　2003～2012年中国海陆产业关联度

年份	2003	2004	2005	2006	2007	2008	2009	2010	2011	2012
天津	0.588	0.769	0.562	1.000	0.968	0.647	0.679	0.628	0.872	0.945
河北	0.450	0.450	0.401	0.355	0.343	0.335	0.579	0.641	0.741	0.879
辽宁	0.538	0.935	0.806	0.716	0.708	0.776	0.801	0.917	0.715	0.673
上海	0.352	0.588	0.598	0.401	0.497	0.495	0.714	0.812	0.912	0.963
江苏	0.501	0.462	0.433	0.605	0.929	0.744	0.712	0.475	0.416	0.379
浙江	0.768	0.644	0.563	0.629	0.608	0.649	0.737	0.945	0.921	0.807
福建	0.800	0.590	0.796	0.771	0.987	0.967	0.714	0.911	0.903	0.545
山东	0.624	0.610	0.569	0.969	0.866	0.865	0.885	0.652	0.696	0.619
广东	0.601	0.855	0.669	0.797	0.577	0.761	0.967	0.669	0.803	0.536
广西	0.460	0.563	0.530	0.647	0.706	0.768	0.725	0.673	0.880	0.545
海南	0.612	0.965	0.909	0.735	0.700	0.775	0.754	0.963	0.665	0.727

假设沿海地区主要海洋产业生产总值为 Y_O，陆域经济生产总值为 Y_{AO}，沿海地区生产总值 $Y_T = Y_O + Y_{AO}$；海陆经济占沿海省（市、区）GDP 的比重分别表示为 $G_O = Y_O / Y_T$ 和 $G_{AO} = Y_{AO} / Y_T$，海陆经济体与全国 GDP 的比重为 $G = Y_T / Y$，由引力模型可得：

$$\frac{X_{OAO} + X_{AOO}}{Y_T} = 2G_O G_{AO} G \tag{7-8}$$

由于 $G_O + G_{AO} = 1$，$2G_O G_{AO} = 1 - G_O^2 - G_{AO}^2$，可得：

$$X_{OAO} + X_{AOO} = Y_T G (1 - G_O^2 - G_{AO}^2) \tag{7-9}$$

式中，$(1 - \sum_{i \in T} G_{iT}^2)$ 被称为国家规模差异指数，广泛应用于不同规模国家的贸易交易关系。通过借鉴国家规模差异指数，可得海陆经济规模差异指数 $S = 1 - G_O^2 - G_{AO}^2$，具体计算结果见表7－2。

表 7 - 2　2003～2012 年中国海陆经济规模差异指数

年份	2003	2004	2005	2006	2007	2008	2009	2010	2011	2012
天津	0.344	0.448	0.467	0.425	0.424	0.404	0.409	0.441	0.429	0.424
河北	0.051	0.064	0.062	0.170	0.165	0.159	0.101	0.107	0.111	0.115
辽宁	0.165	0.240	0.230	0.269	0.266	0.257	0.255	0.244	0.256	0.236
上海	0.221	0.367	0.376	0.473	0.452	0.449	0.403	0.423	0.414	0.416
江苏	0.070	0.073	0.078	0.112	0.134	0.127	0.145	0.157	0.158	0.159
浙江	0.213	0.276	0.284	0.208	0.211	0.218	0.252	0.241	0.241	0.245
福建	0.394	0.421	0.353	0.353	0.373	0.373	0.386	0.375	0.369	0.352
山东	0.215	0.225	0.227	0.278	0.287	0.286	0.284	0.296	0.291	0.294
广东	0.215	0.266	0.310	0.265	0.245	0.267	0.280	0.294	0.286	0.300
广西	0.040	0.068	0.070	0.117	0.111	0.107	0.108	0.108	0.099	0.110
海南	0.332	0.400	0.404	0.417	0.417	0.408	0.409	0.395	0.384	0.388

海陆经济体灰色关联度与海陆经济规模差异指数是反向相关关系，所以海陆经济依赖关系为：

$$D = R/S = R/(1 - G_O^2 - G_{AO}^2) \tag{7-10}$$

式中，D 为海陆经济依赖度，R 为灰色关联度，S 为海陆经济规模差异指数，G_O 和 G_{AO} 分别为海陆经济占地区 GDP 的比重，具体计算见海陆经济规模差异指数。

依据相互依赖度的测算式（7 - 10），可以计算出 2003～2012 年中国海陆经济相互依赖度，具体结果见表 7 - 3。

表 7 - 3　2003～2012 年中国海陆经济相互依赖度

年份	2003	2004	2005	2006	2007	2008	2009	2010	2011	2012
天津	1.712	1.719	1.205	2.351	2.283	1.601	1.659	1.425	2.035	2.227
河北	8.764	7.065	6.440	2.089	2.079	2.101	5.711	6.010	6.654	7.670
辽宁	3.269	3.888	3.512	2.666	2.667	3.013	3.143	3.767	2.798	2.856
上海	1.593	1.602	1.592	0.847	1.099	1.102	1.774	1.917	2.202	2.317
江苏	7.130	6.378	5.582	5.408	6.953	5.848	4.900	3.031	2.629	2.379
浙江	3.602	2.334	1.985	3.025	2.888	2.970	2.928	3.921	3.816	3.299
福建	2.029	1.401	2.255	2.183	2.648	2.590	1.848	2.431	2.449	1.550
山东	2.906	2.713	2.505	3.489	3.017	3.025	3.113	2.205	2.387	2.104
广东	2.803	3.217	2.159	3.010	2.360	2.854	3.446	2.272	2.808	1.785
广西	11.492	8.241	7.617	5.539	6.362	7.173	6.723	6.228	8.866	4.956
海南	1.842	2.415	2.253	1.764	1.680	1.899	1.845	2.437	1.733	1.873

表7-3显示的沿海地区海陆经济相互依赖度无论是地区还是年份都波动较大。海洋经济地区集中度较低且发展不平衡,海陆经济相互依赖度地区差异加大。从时间上看,2004年以来,一方面,随着中国海洋经济的发展,一些资源依赖型和外向型产业逐步起势并保持较快的发展势头,国内外发展环境比较稳定,政府的宏观调控手段也趋向于成熟;另一方面,随着"海洋强国"战略的制定、实施与推进,国家为海洋经济发展提供了较为全面的政策供给,沿海区域规划逐步被提升为国家战略,海洋经济对国家整个产业系统的依赖程度不断提高。2009年,全球爆发的金融危机对整个沿海地区产业系统都产生了较大的影响,再加上陆域经济所占比重较大,国家经济企稳回升,重新进入扩张期,但是不确定因素仍然很多,海陆经济相互依赖度波动较大。

(二) 海陆资源共享度

海陆资源共享度是指海陆经济发展所需资源共享的程度,体现的是海洋经济和陆域经济对公共物品的分享分配能力,可以用生产投入要素的效率去衡量共享的程度。

本节将沿海11省(市、区)的GDP分成海洋生产总值和陆域生产总值两部分,即 $Y_T = Y_O + Y_{AO}$,分别用海洋和陆域所对应的资源、劳动力、资金和科技等生产投入要素情况去衡量生产效率。

$$E_o = Y_O/F_{oi}(i=1,2,3,4)$$

$$E_{AO} = Y_{AO}/F_{AOi}(i=1,2,3,4)$$

i 的取值范围为1、2、3、4,分别代表资源、劳动力、资本和科技;F_{oi}、F_{AOi} 分别代表海洋、陆域生产要素投入量;E_o、E_{AO} 分别代表海洋、陆域生产要素的使用效率。运用熵值赋权法确定指标权重,然后根据海洋经济与陆域经济对于资源、劳动力、资金和科技投入所占的比重(即生产要素效率)乘以各自的指标权重相加即可得到海陆资源共享度(见表7-4)。

表7-4　2003~2012年中国海陆资源共享度

年份	2003	2004	2005	2006	2007	2008	2009	2010	2011	2012
天津	2.431	2.102	2.737	3.188	3.420	4.212	4.349	4.513	5.231	5.610
河北	6.568	6.022	5.827	1.990	2.233	2.536	3.123	3.473	3.831	6.120
辽宁	1.957	1.549	1.906	1.248	1.360	1.540	1.593	1.835	2.012	2.239
上海	2.487	1.978	2.374	2.201	2.575	2.796	3.027	3.279	3.236	3.345
江苏	6.457	11.861	9.341	2.782	3.043	3.572	3.742	4.303	5.000	5.432
浙江	1.622	1.487	1.570	1.767	1.893	2.021	1.909	2.224	2.481	2.588
福建	1.859	1.892	2.385	2.215	2.384	2.605	2.681	3.085	3.379	3.733

年份	2003	2004	2005	2006	2007	2008	2009	2010	2011	2012
山东	2.624	2.882	2.714	1.250	1.350	1.527	1.574	1.714	1.904	2.023
广东	1.707	1.601	1.681	1.544	1.735	1.827	1.783	1.895	2.090	2.137
广西	7.374	10.846	16.161	1.787	2.097	2.466	2.605	3.056	3.703	4.111
海南	4.827	5.266	63.352	2.416	2.799	3.207	3.317	3.934	4.510	4.736

第三节　中国海陆经济一体化驱动机理实证研究

哈肯模型主要运用于系统参量间的序参量识别，通过确定系统主要作用参量，构造参量两两间的运动方程，可识别出系统的序参量并评估整个系统的演化水平。在分析中国海陆经济一体化发展状况时，亦可借用该研究思路。通过分析中国海陆经济一体化的演化驱动机理确定主要作用参量，即对驱动因素构造运动方程，求解后可识别出中国海陆经济一体化演化的序参量并能根据序参量的得分值评估中国海陆经济一体化发展水平。

计算步骤如下：

第一步，提出模型假设，分别将海陆资源共享度（Resource Sharing Degree，RSD）和海陆经济相互依赖度（Mutual Dependence Degree，MDD）作为序参量；

第二步，构造海陆经济一体化的演化方程，并判断方程是否成立；

第三步，求解方程参数，并判断是否满足"绝热近似假设"；

第四步，判断模型假设是否成立，得到系统序参量。

分别将海陆经济相互依赖度（见表7-3）和海陆资源共享度（见表7-4）的计算结果代入上述计算步骤，发现2003～2012年无论是以海陆资源共享度为序参量还是以海陆经济相互依赖度为序参量进行计算，方程均不能满足"绝热近似假设"，研究期内，中国海陆经济一体化的驱动因素是有变化的。对研究期进行阶段划分，经过多次试验发现，可以分为2003～2006年和2007～2012年，且每个阶段海陆经济一体化的序参量不同，即海陆经济一体化的驱动机理具有随时间阶段变化的特征。

一、2003～2006年中国海陆经济一体化驱动机理

分别以 RSD 和 MDD 为序参量，运用上述计算步骤进行计算，发现以 RSD 为

序参量，回归方程的系数 $\lambda_2 < |\lambda_1|$，不满足 $\lambda_2 >> |\lambda_1|$ 的绝热近似假设，模型不成立；以 MDD 为序参量，模型成立。

以 MDD 为序参量，即 MDD 为 q_1，RSD 为 q_2，根据方程 6 - 5、6 - 6 可以得到海陆经济一体化的演化方程：

$$MDD(k+1) = (1-\lambda_1)MDD(k) - aMDD(k)RSD(k)$$

$$RSD(k+1) = (1-\lambda_2)RSD(k) + bMDD(k)^2$$

根据表 7 - 3、表 7 - 4 的计算结果，运用 Stata/SE 12.0 软件进行面板数据回归，可得：

$$MDD(k+1) = 0.435MDD(k) - 0.01MDD(k)RSD(k) \tag{7-11}$$
$$\qquad\qquad (1.79)^* \qquad\quad (1.54)$$

R^2：within $= 0.2997$，R^2：between $= 0.9560$，R^2：overall $= 0.8295$，F $= 4.28$

$$RSD(k+1) = -0.537RSD(k) + 0.126MDD(k)^2 \tag{7-12}$$
$$\qquad\qquad (-2.71)^{**} \qquad\quad (0.6)$$

R^2：within $= 0.2918$，R^2：between $= 0.7920$，R^2：overall $= 0.0011$，F $= 4.12$

其中回归方程下方括号中的数字为 t 检验值，*、**、*** 分别表示通过 10%、5% 和 1% 的显著性检验，无 * 代表不显著（下同）。

回归方程（7 - 11）、方程（7 - 12），组内拟合优度 R^2 分别为 0.2997、0.2918，主要原因在于这一回归方程中不存在常数项，对回归结果造成一定影响。两式中，系数 a、b 的 t 检验值略低，没有通过 10% 的显著性检验，只能说明基期 MDD 与 RSD 的乘积以及 MDD 的平方对报告期的 MDD 和 RSD 有一定影响；综合考虑到方程（7 - 11）、方程（7 - 12）两个回归方程反映的是两个变量 RSD 与 MDD 变化的相对快慢，因此，即使 t 检验值偏低，也不能说明模型失败，模型的参数估计结果对方程仍具有解释意义。

由方程（7 - 11）、方程（7 - 12）两个回归方程中的系数，可以得到：

$1-\lambda_1 = 0.435$，可得，$\lambda_1 = 0.565$；

$1-\lambda_2 = -0.537$，可得，$\lambda_2 = 1.537$。

因此，$\lambda_2 >> |\lambda_1|$，满足绝热近似假设，且 MDD 与 RSD 相比，RSD 比 MDD 变化快。也就是说，MDD 为阻尼较小、变化较慢的序参量，与假设一致。

此时，$\lambda_1 = 0.565$；$\lambda_2 = 1.537$；$a = 0.01$；$b = 0.126$。

反映 MDD 和 RSD 相互作用的微分方程组为：

$$MMD^{\cdot} = -0.565MDD - 0.01MDD \times RSD \tag{7-13}$$

$$RSD^{\cdot} = -1.537RSD + 0.126MDD^2 \tag{7-14}$$

令方程（7 - 14）中 $RSD^{\cdot} = 0$，求得方程近似解：

$$RSD \approx \frac{0.126}{1.537}MDD^2 \tag{7-15}$$

因为 q_2 （RSD）随着 q_1 （MDD）的变化而变化，将式（7－15）代入式（7－13），可以得到海陆经济一体化的演化序参量方程：

$$MDD' = 0.565MDD - 0.001MDD^3 \qquad (7-16)$$

对式（7－16）的相反数积分可得势函数：

$$V = 0.283MDD^2 - 0.0002MDD^4 \qquad (7-17)$$

令式（7－16）中 $MDD' = 0$，可得势函数（7－17）的三个解：

$$MDD^* = 0, \quad MDD^* = 26.58, \quad MDD^* = -26.58$$

势函数映射系统的演变路径，序参量的微突变引发其他参量的剧烈变动，形成"蝴蝶效应"，最终诱发系统突变至有序。

MDD 海陆经济相互依赖度是系统序参量，控制海陆经济一体化的演化方向和路径。

二、2007～2012 年中国海陆经济一体化驱动机理

分别以 RSD 和 MDD 为序参量，运用上述计算步骤进行计算，发现以 RSD 为序参量，模型成立；以 MDD 为序参量，回归方程的系数 $\lambda_2 < |\lambda_1|$，不满足 $\lambda_2 >> |\lambda_1|$ 的绝热近似假设，模型不成立。

以 RSD 为序参量，即 RSD 为 q_1，MDD 为 q_2，根据方程（7－5）、（7－6）可以得到海陆经济一体化的演化方程：

$$RSD(k+1) = (1-\lambda_1)RSD(k) - aRSD(k)MDD(k)$$

$$MDD(k+1) = (1-\lambda_2)MDD(k) + bRSD(k)^2$$

根据表 7－3、表 7－4 的计算结果，运用 Stata/SE12.0 软件进行面板数据回归，可得：

$$RSD(k+1) = 0.977RSD(k) - 0.057RSD(k)MDD(k) \qquad (7-18)$$
$$\qquad (17.28)^{***} \qquad (6.34)^{***}$$

R^2：within = 0.9090，R^2：between = 0.9820，R^2：overall = 0.9596，F = 264.79

$$MDD(k+1) = 0.609MDD(k) - 0.001RSD(k)^2 \qquad (7-19)$$
$$\qquad (4.78)^{***} \qquad (-0.03)$$

R^2：within = 0.3110，R^2：between = 0.9464，R^2：overall = 0.7295，F = 11.96

回归方程（7－18）的组内、组间、综合拟合优度 R^2 分别为 0.9090、0.9820、0.9596，无论是从拟合优度还是 F 检验值上看，回归方程的拟合效果都非常好。回归方程（7－19）的系数 b 的 t 检验值略低，没有通过 10% 的显著性检验，只能说明基期 RSD 的平方对报告期 MDD 有一定影响；综合考虑到方程

（7-18）、方程（7-19）两个回归方程反映的是两个变量 RSD 与 MDD 变化的相对快慢，因此，即使系数 b 的 t 检验值偏低，也不能说明模型失败，模型的参数估计结果对方程仍具有解释意义。

由方程（7-18）、方程（7-19）两个回归方程中的系数，可以得到：

$1-\lambda_1 = 0.978$，可得，$\lambda_1 = 0.022$；

$1-\lambda_2 = 0.609$，可得，$\lambda_2 = 0.39$。

因此，$\lambda_2 >> |\lambda_1|$，满足绝热近似假设，且 RSD 与 MDD 相比，MDD 比 RSD 变化快。也就是说，RSD 为阻尼较小、变化较慢的序参量，与假设一致。

此时，$\lambda_1 = 0.022$；$\lambda_2 = 0.39$；$a = 0.057$；$b = -0.001$

反映 MDD 和 RSD 相互作用的微分方程组为：

$$RSD^{\cdot} = -0.022RSD - 0.057RSD^* MDD \tag{7-20}$$

$$MDD^{\cdot} = -0.39MDD - 0.001RSD^2 \tag{7-21}$$

令方程（7-21）中 $MDD^{\cdot} = 0$，求得方程近似解：

$$MDD \approx -\frac{0.001}{0.39}RSD^2 \tag{7-22}$$

因为 MDD 随着 RSD 的变化而变化，将式（7-22）代入方程（7-20），可以得到海陆经济一体化的演化序参量方程：

$$RSD^{\cdot} = -0.022RSD + 0.0001RSD^3 \tag{7-23}$$

对式（7-23）的相反数积分可得势函数：

$$V = 0.011RSD^2 - 0.0002RSD^4 \tag{7-24}$$

令式（7-23）中 $RSD^{\cdot} = 0$，可得势函数的三个解：

$RSD^* = 0$，$RSD^* = 14.97$，$RSD^* = -14.97$

势函数映射系统的演变路径，序参量的微突变引发其他参量的剧烈变动，形成"蝴蝶效应"，最终诱发系统突变至有序。

RSD 海陆资源共享度是系统序参量，控制着海陆经济一体化的演化方向和路径。

三、实证结论

运用哈肯模型计算海陆资源共享度和海陆经济相互依赖度作为中国海陆经济一体化演化的序参量，时间阶段需要划分为2003~2006年和2007~2012年。基于哈肯模型的中国海陆经济一体化演化驱动因素具有随时间阶段变化的机理特征。哈肯模型的中国海陆经济一体化的驱动机理的时间阶段正好与全要素耦合的海陆经济一体化中耦合度的阶段性变化的时间阶段相吻合，进一步验证了基于全要素耦合的海陆经济一体化测度体系的科学性，也验证了海陆经济一体化演化的两大驱动因素选择的合理性。

（一）第一阶段（2003～2006年）实证结论

海陆经济相互依赖度支配海陆经济一体化的发展。序参量识别结果证明 MDD 为序参量，即海陆经济相互依赖度是 2003～2006 年影响中国海陆经济一体化协同发展的序参量，是系统演化的主控因素。MMD 反映的是海陆经济一体化的要素共享形成的海陆经济的相互关联程度，对比第五章基于全要素耦合的海陆经济一体化的测度，这一阶段海陆产业系统要素的耦合度和耦合协调度都处于上升阶段，验证了运用耦合模型和耦合协调模型从要素流动的视角构建基于全要素耦合的海陆经济一体化测度体系的科学性和合理性。

控制变量反映的系统演化行为如下：

控制参数 a 为正值，反映海陆资源共享度对海陆经济相互依赖度产生消极影响，由于生产要素效率的提高，海洋资源共享度提升，在当时海洋经济的规模较小，占地区经济的比重较低，海陆产业规模比重差异较大，海陆经济一体化程度较低的情况下，不能很好地促进海陆经济相互依赖度的提高。

控制参数 b 为正值，反映海陆经济相互依赖度对海陆资源共享度有积极影响，海洋经济规模的增大，促进海陆经济规模差异指数的减小，海洋经济的发展，促进海陆间资源、能源、资本、技术、劳动力等生产要素的流动，实现了海陆产业链的进一步延伸，增强了海陆产业的关联，而海陆经济相互依赖度增大对于海陆生产要素的效率、海陆资源共享度的提高都产生了积极的促进作用。

阻尼系数 λ_1、λ_2 均为正值，说明海陆经济一体化系统内部尚未形成海陆经济相互依赖度和海陆资源共享度递增的正反馈机制，而本阶段的研究发现，海陆经济相互依赖度的提高有助于增加海陆资源共享度，这一阶段中国海洋经济的快速发展，对于海陆经济一体化的提高具有较大作用。

海洋经济在此阶段实现了快速增长，2003 年海洋生产总值刚刚突破 1 万亿元，到 2006 年已经超过 2 万亿元，实现了三年翻一番，占到同期 GDP 的 10% 以上，高出同期国民经济增长速度 3.3 个百分点。海洋经济的发展，海洋经济规模的扩大促进了海陆经济相互依赖度的提高，而海陆经济相互依赖度进一步促进了海陆资源共享度的增加，且在海陆经济相互依赖度的驱动下，海陆经济一体化程度得到了提高，这很好地为此阶段基于全要素耦合的中国海陆产业系统耦合度、耦合协调度均处于增长阶段提供了解释。

（二）第二阶段（2007～2012年）实证结论

海陆资源共享度支配海陆经济一体化的协同发展。序参量识别结果证明 RSD 为序参量，即海陆资源共享度是 2007～2012 年影响中国海陆经济一体化发展的序参量，是系统演化的主控因素。中国海陆经济一体化的实证研究发现，这一阶段基于系统耦合的海陆产业系统的耦合度和耦合协调度都处于缓慢上升阶段，而基于全要素耦合的海陆产业系统的耦合度处于波动下降阶段，海陆产业相互作用的程度从产业关联的角度看缓慢上升，但是从要素流动的本质波动下降。究其原因，这一阶段的演化驱动因素已经由 MMD 变为 RSD，即海陆经济对公共物品（主要是资源）的共享分配能力是本阶段海陆经济一体化发展的主要驱动因素。

控制变量反映的系统演化行为如下：

控制参数 a 为正值，反映海陆经济相互依赖度对海陆资源共享度有消极影响，即加大海洋资源开发的力度，片面追求对海陆资源和空间的开发利用，不利于海陆生产要素流动带来的产业关联度、相互依赖度的提升。

控制参数 b 为负值，反映海陆资源共享度对海陆经济相互依赖度有消极作用，海陆资源共享度的提高，海陆生产要素效率的提高，在一定程度上导致了海陆经济相互依赖度的下降，这也可以从海陆产业系统要素在此阶段耦合度的下降看出。技术进步带来的海陆生产要素效率的提高，不一定表现为经济总量和发展速度的快速增长。

阻尼系数 λ_1、λ_2 均为正值，说明海陆经济一体化系统内部尚未形成海陆经济相互依赖度和海陆资源共享度递增的正反馈机制。片面追求海洋资源开发力度带来的海洋经济规模的扩大，会造成海洋经济发展低度化、同构化、海陆矛盾加剧等问题，损害海陆生产要素效率的提高，而海陆生产要素效率得不到提高，会反过来作用海陆经济相互依赖度。

这一阶段从产业关联的角度看，海陆经济一体化缓慢增长，但是从要素流动的角度看，海陆经济一体化耦合度是波动下降的，究其原因，驱动机理从 MDD 变换为 RSD，且两者之间均有消极作用，正反馈机制也未形成，要素流动视角的海陆经济一体化的耦合度开始波动下降，海洋经济发展带来的海陆产业关联仍在加强，但是这一阶段海洋经济发展的一系列问题、海陆的关系恶化也说明了海洋经济发展的目标绝非仅仅是生产总值的增大，还有产业的转型升级和布局的优化，因此，中国海洋经济发展必须从追求总量，走向到追求生态经济效益，走现代海洋经济发展的道路。

第四节　本章小结

本章在剖析海陆经济一体化自组织演化理论的基础上，通过分析哈肯模型的绝热近似原理、序参量演化方程、势函数，指出哈肯模型适用于海陆经济一体化驱动机理的研究。选取海陆经济相互依赖度（MDD）和海陆资源共享度（RSD）

两个变量分别反映海陆要素带来的产业关联依赖和资源禀赋差异共享，作为海陆经济一体化的演化驱动的两个变量，采用绝热消去法分析海陆经济一体化的序参量和控制变量，以中国为研究样本，发现中国海陆经济一体化的演化驱动因素具有随时间阶段变化的机理特征。结合第五章全要素耦合的海陆经济一体化的耦合度的时间序列分析，发现驱动机理的两个时间阶段正好与耦合度的阶段性分异相吻合，验证了基于全要素耦合的海陆经济一体化评价体系和 MDD、RSD 驱动要素选择的科学性和合理性。

序参量识别结果及控制变量反映的系统演化显示：2003～2006 年，海陆经济相互依赖度是中国海陆经济一体化演化的序参量，且海陆经济相互依赖度对海陆资源共享度有积极影响。这一阶段中国海洋经济快速发展，促进了海陆经济相互依赖度的提高，驱动了海陆经济一体化的发展，海陆一体化处于上升阶段，但海陆经济资源共享度没有产生对于海陆经济相互依赖度的积极作用，且两者正反馈机制均未形成，海陆经济一体化进程较为缓慢。

2007～2012 年，海陆资源共享度是中国海陆经济一体化演化的序参量，海陆经济相互依赖度和海陆资源共享度均对彼此有消极影响，海陆经济一体化系统内部海陆经济相互依赖度、海陆资源共享度增强的正反馈机制都未形成，片面追求海洋资源开发，会阻碍海陆生产要素效率的提高，加剧海陆关系的恶化，而海陆生产要素效率得不到提高，会反过来作用海陆经济相互依赖度，这一阶段中国海洋经济发展的一系列问题、海陆的关系恶化也说明了这一问题。

第八章 全书总结与政策建议

海陆经济一体化发展问题关系到陆域经济发展空间，关系到海洋经济发展问题，"海洋强国"战略，关系到沿海地区海陆经济发展实践，进而关系到构造良好的海陆关系，最重要的是关系到国家经济未来战略重点和方向。本书紧密联系理论和实践，在分析动力机制的基础上，从产业关联和要素流动双重视角对中国海陆经济一体化进行研究，从中发现时空分异的特点，找寻背后的原因，开展海陆经济一体化驱动机理的研究，结合研究结论，提出海陆经济一体化的政策建议。但是，本书也存在一定研究局限，以期在未来进一步研究中有所改善。

第一节 主要研究结论

本书从系统耦合的海陆经济一体化、全要素耦合的海陆经济一体化以及海陆经济一体化驱动机理三个方面对海陆经济一体化展开研究，主要研究结论如下：

第一，基于系统耦合的海陆经济一体化研究方面。一是对中国海陆产业系统从产业规模、产业结构、经济效率、发展潜力四个方面进行衡量，耦合度处于中强度阶段，耦合协调处于中协调的耦合，两者均呈现一定的增长态势，但是进程较为缓慢，海陆经济一体化发展任重道远。二是 11 个沿海地区海陆产业系统的耦合度均为中强度耦合，协调度分为高协调区域和中协调区域；上海市和广东省为高协调区域；其余均为中协调区域。三是中国海陆产业系统耦合度和耦合协调的时空变化受海陆经济综合发展水平的影响，且受海洋综合经济发展水平的影响较大。海陆经济一体化的程度随着海洋经济的发展、海洋经济综合发展水平的提高呈现一定增长态势，但由于陆域综合发展水平研究期从比较滞后进入严重滞后，拉低了海洋经济对于海陆产业相互作用、相互协调度的促进作用，且海洋经济综合发展水平提高的速度也不快，造成海陆经济一体化程度为中等。目前，中国尚未形成海洋经济和陆域经济"双轮驱动"的发展态势，海陆经济一体化发展的道路依然漫长。

第二，基于全要素耦合的海陆经济一体化研究方面。一是海陆产业系统间生产要素的流动，具体体现在资源的流动、资金的循环、技术的传播和劳动力的转移，依据要素流动的流向，构建海洋资源、空间与陆域资本、劳动力、技术的全要素耦合评价指标体系，从本质上测度海陆经济一体化。二是中国 2003～2012年的海陆产业要素耦合时序变动均呈现出一定的增长和阶段性变化特征，耦合度可以分为 2003～2006 年的波动上升和 2006～2012 年的波动下降两个阶段，耦合协调度可以分为 2003～2005 年的低水平协调和 2006～2012 年的中等强度协调两个阶段。三是 GM（1，1）的灰色预测显示到 2014 年海陆产业要素耦合度和耦合协调度进入良性共振的同步协调发展阶段，中国海陆经济一体化进入快速发展期。四是从空间上看，11 个沿海地区除广西壮族自治区为低强度耦合外，其余均为中强度耦合；除山东省为中协调外，其余均为低水平协调。依据对 11 个沿海地区发展阶段的聚类分析：上海市、广东省和山东省处于磨合阶段，可以作为先行示范区，辽宁省、江苏省、浙江省、海南省、天津市、福建省处于拮抗阶段，可以作为重点核心区，河北省和广西壮族自治区处于低水平耦合阶段，可以作为后发优势区。

第三，海陆经济一体化驱动机理方面。一是协同学显示海陆经济一体化受海陆经济相互依赖度和海陆资源共享度的驱动和影响。二是中国海陆经济一体化的演化分为 2003～2006 年和 2007～2012 年两个阶段，与全要素耦合的海陆经济一体化的阶段相同。三是中国海陆经济一体化驱动因素具有随发展阶段变化的机理特征。四是中国海陆经济一体化 2003～2006 年演化的序参量是海陆经济相互依赖度，且海陆经济相互依赖度对海陆资源共享度有积极影响，这一阶段海洋经济的快速增长，促进了海陆相互依赖度的提高，驱动了海陆经济一体化发展。五是中国海陆经济一体化 2007～2012 年演化的序参量是海陆资源共享度，海陆经济相互依赖度和海陆资源共享度均对对方有消极影响，海陆经济一体化系统内部海陆经济相互依赖度、海陆资源共享度增强的正反馈机制均未形成，片面追求海洋资源开发，不利于海陆生产要素效率的提高，而海陆生产要素效率得不到提高，会反过来作用海陆经济相互依赖度，这一阶段中国海洋经济发展的一系列问题、海陆的关系恶化也说明了这一问题。

第二节 政策建议

一、实施差异化的海陆经济一体化发展策略

第一，实施海陆经济一体化的分区建设。

从中国海陆经济一体化的发展阶段来看，上海市、广东省和山东省处于磨合阶段，海陆经济发展速度较快，海陆经济一体化的程度较高，作为海陆经济一体化的先行示范建设区，通过建立示范区、示范基地等方式，先行试点海陆产业发展的政策法规，创新海陆经济一体化的发展机制，试点推广其海陆经济发展成功的体制、机制和发展经验，充分发挥排头兵的示范引领辐射作用，带动其他地区海陆经济一体化发展。

辽宁省、江苏省、浙江省和海南省天津市、福建省处于拮抗阶段，占到区域总数的近一半，是海陆经济一体化的重点核心区。这类区域总数较多，与上海市、广东省、山东省相比有一定差距，但通过产业优惠发展政策可以引导海陆生产要素流动，通过科技创新可以助力海陆产业链条的提升和完善，通过法律法规保障体系建设可以实现海陆经济健康协调发展。

河北省和广西壮族自治区处于低水平耦合阶段，作为后发优势区，通过主动承接先行示范建设区与重点核心建设区的海陆产业梯度转移，实现地区海陆经济一体化的发展。通过海陆产业梯度转移，对于先行示范建设区可以充分利用沉淀资金，获得比较利益，为本区发展提供有效发展空间，推动海陆产业优化升级，同时，海陆产业转出地的快速发展，可以实现产业和要素的梯度转移，带动后发优势建设区的经济发展，实现中国整体海陆经济一体化的发展。

第二，结合海陆经济一体化的发展阶段发展海洋产业。

在海陆经济一体化的初期和联动阶段的初始阶段，对于目前居于主导地位的传统海洋产业，包括海洋渔业、海洋交通运输业和滨海旅游业，需要运用先进技术进行改造，实现其产业结构的优化升级，传统产业只有不断进行优化升级，从劳动密集型或劳动、资金密集型向资金、技术密集型转变，才能持续推动海陆经济一体化程度的提高。

在海陆经济一体化的中后期和联动发展阶段，随着海洋新兴产业的兴起和发展，要大力发展海陆产业关联度较高的海洋工程建筑业、海洋油气业、海水利用业、海洋化工业、海洋船舶工业、海洋电力业等海洋产业发展，围绕这些海陆产

业关联度高的海洋产业，积极发展其前向、后向关联的陆域产业。

总体上看，中国应该优化海洋产业功能布局，调整海洋经济结构，保证海洋渔业、海洋交通运输业和滨海旅游业等的主导地位，提升改造传统优势海洋产业、大力发展现代高端海洋服务业、加快发展战略性海洋新兴产业。现代海洋服务业处在海洋产业链的高端，是现阶段海洋经济增长的新亮点，因此应改造提升海洋传统服务业，创造发展新型海洋服务业。海洋战略新兴产业具有产品技术含量高、附加值高、研发投入高等特征，市场潜力巨大，对其他海洋产业带动作用强。根据海洋产业的演进规律，大力培育海洋新兴产业，是海洋产业转型升级的有效路径。

第三，突出海陆产业的区域特色。

针对区域各主要海洋产业的发展情况，突出区域特色，实现差异化发展。总体来看，广东近海石油、旅游、电力和渔业资源具有优势，其海洋油气业产值、海洋电力产值、海水利用业产值位居全国之首，滨海旅游收入和海洋渔业产值分居第二、第三位；上海海洋交通运输业产值、海洋船舶工业产值和滨海旅游业收入三者总和占全国同类产业总产值的1/3，位居全国第一位；山东的海洋渔业、海盐业和近海油气资源较为丰富，因此，其海洋渔业产值、海盐业产值两者均位居全国首位，海洋化工业、海水利用业和海洋工程建筑业三者均居全国第二位，海洋油气业及其他海洋产业位居第三位。浙江省和福建省也充分发挥自身的海洋渔业、沿海旅游和海岛资源优势，成为中国第四和第五大海洋经济大省，浙江的海洋生物医药业、福建省的海洋工程建筑业也位居全国之首。

二、促进生产要素海陆自由流动

中国海陆经济一体化任重道远，需要加强生产要素的流动，完善生产要素海陆间自由流动的机制。对于海陆产业系统而言，完善生产要素海陆间自由合理高效流动，将人流、物流、资金流、信息流等资源要素，遵循效益最大化的原则，进行海陆双向合理配置，能够实现海陆生产要素统筹配置，进一步促使海陆经济一体化发展水平的提高。

第一，促进生产要素海陆产业间的自由流动。首先，重点发展海陆产业关联度高、产业带动能力强的相关海陆产业进行上下游的集中发展布置；其次，引进先进科学技术，加大对海洋资源空间的开发力度，通过宏观引导促进资金、技术、劳动力、管理经验等进一步从陆域产业向海洋产业的流动，遵循海陆生产要素流动的方向，缩小海陆产业系统间的差异性带来的势能差，实现海陆产业之间陆域资金、技术、劳动力向海洋产业的流动，实现海洋资源空间对陆域技术、资本、劳动力的开发，实现海陆要素的流动。

第二，促进生产要素海陆区域间的自由流动。通过加强基础设施和公共服务体系建设，保障生产要素区域的自由合理流动。2015年"一带一路"建设顶层设计规划出台，重点布局15个沿海港口城市，是基础设施建设的重头戏，在顶层设计规划的引导下，各省应根据具体情况因地制宜发展，例如，积极建设滨海大道，加强港口城市间的联系通道，提高公路等级，加快高速公路建设，不让陆域运输成为生产要素流动的制约。强化港口城市的基础设施建设，完善相关信息平台建设，提高港口经济运行效率，推进港口集疏运体系建设，提高沿海经济带和经济腹地联动发展的效率，充分发挥东部沿海地区对全国经济的拉动作用，促进生产要素合理流动，引导沿海产业有序转移。

三、加强海陆资源开发的统一规划

在海陆资源开发过程中，必须把海洋和陆域开发有机地结合起来，对海洋开发与沿岸的陆地开发统一规划，是实现海陆经济一体化的保障。在全国国土规划、主体功能区规划等制定中，必须坚持海陆统筹、海陆一体化的原则，强化海洋国土的重要地位，构建海陆一体化的国土开发与管制框架体系；各沿海地区在进行规划时，要将对应的渤海、黄海、东海海域纳入规划范围，进行统一规划协调发展。海陆资源开发的统一规划可以遵循"以海域和海岸带为载体，以沿海城市为核心，向远海和内陆发展，海陆经济一体，梯次推进"的原则，具体可采取"点—轴结合"的方式。

所谓"点"，是指对沿海港口城市区域（或具体某一海湾）的海洋产业、陆域其他产业和临海产业的合理规划。沿海港口城市是海陆经济的重要接点，是海陆经济一体化的枢纽，为海洋产业提供资金、技术、人才等各种要素支持，同时，又利用海洋资源优势和海陆产业的广泛关联，发展成为区域经济的增长极。港口城市依靠的是庞大的货物吞吐能力，以及由此带来的人流、物流、资金流、信息流和商品流的集中，充分发挥港口的区位和政策优势，依托港口和港口产业链，可以衍生出许多港口服务行业和临港工业园区，实现航运服务、物流、船舶制造、海洋工程装备、钢铁、石化等相关产业发展，促使港口成为区域经济的增长极，带动沿海产业带的发展，进而带动腹地和内陆地区一体化发展。"大型港口—临港工业密集带—沿海城市化"可以作为以点带线，促进海陆经济一体化的有效途径。

所谓"轴"，主要包括两个方向：一个方向为北起中朝边境的鸭绿江口，经辽宁、河北、天津、山东、江苏、上海、浙江、福建、广东、广西壮族自治区等省（市、区），到中越边境的北仑河口，全长1.8万余千米的海岸带。海岸带作为海陆经济衔接地带，陆域成熟产业通过海岸带地区向海洋延伸，部分需要在海域上完成生产的海洋产业，比如海洋捕捞业、海洋交通运输业等，其相应陆上基地一般也布局在海岸带地区。总之，海岸带是海陆产业关联最集中的体现。海岸带往往依靠海洋产业的发展优势，率先发展成地区产业密集、人口集中、交通便利等条件优越的经济增长带。另一个方向是各沿海地区港口向内陆腹地延伸的交通线。这些延伸的交通线如同触角一般将海洋的优势影响延伸到陆域腹地内部，通过充分利用陆域的经济基础、技术装备以及技术力量来武装海洋产业，对海洋产业的资源进行合理开发利用，大力拓宽海洋资源开发的广度和深度，而海洋经济的发展反过来又可以缓解陆域能源不足、水资源短缺、交通压力大等方面的矛盾，最终达到海陆经济一体化发展。

海陆经济一体化发展涉及面广，在管理对象上既有海域又有陆域，涉及多领域、多层次的管理，牵扯到众多的行业、部门和沿海地方政府，因此，有必要建立权威机构来实施海陆资源开发的统一规划管理。目前，中国实行的是统一管理与分部门分级管理相结合的体制形式，存在缺少协调管理机制、浪费大量资金和自然资源等现象，此外，各管理部门有着不同的资源开发利用价值取向，造成各自为政、政出多门、管理部门界限模糊等一系列问题，因此，必须切实打破陆海分割、部门分割、区域分割，加强海洋行政部门的交流沟通，减少事务的交叉重复，进一步实现管理体制的深化改革，积极推进海洋综合管理试点工作的开展，对管理职能进行整合，实现海陆资源开发的统一协调和规划。

第三节　研究局限与展望

一、研究数据存在时间序列和统一标准的局限

目前对海陆经济一体化研究，存在数据获取困难、数据不全面、时间序列短、统计口径变化等多方面的局限。中国海洋产业除了海洋局几乎无其他研究机构进行数据统计工作，第一次全国范围的海洋经济调查于 2014 年刚刚启动，尚无法获得普查数据。目前海洋产业研究主要的数据是《中国海洋统计年鉴》，但年鉴的时间序列较短，且统计体系不断进行调整，数据统计口径不断变化，造成数据衔接的不足，本书的许多数据需要通过比例换算获得，对于实证研究结果的准确性影响较大。目前国内海洋经济统计体系、海洋统计口径尚在不断完善中，各国关于海洋产业的分类标准和体系存在较大差异，且国外公开的海洋数据更难获得，且多为 2004 年以前的，因此，对于海陆经济一体化发展达到何种程度没

有一个参照标准，无法进行国内外的对比分析。

二、研究的空间边界存在一定的地域局限性

由于统计数据的地域限制，目前仅仅研究了沿海地区的海陆经济一体化问题，对于海岸带地区作为海陆经济一体化的核心地带以及沿海地区与其他地区的联动等方面的海陆经济一体化没有进行研究。此外，有些地区的海陆产业的辐射区远远大于所在省（市、区），如上海市的海陆经济的辐射区达到整个长三角地区甚至全国，本书仅仅片面地研究省（市、区）的海陆经济一体化并不够准确，但是目前这部分无法运用统计数据进行衡量，随着中国海洋统计体系的不断完善，这方面的研究可以继续深化。

海陆经济由多个不同的海陆产业部门组成，海洋产业系统和陆域产业系统均为多要素、极为复杂的巨系统，两大系统之间的产业联系千丝万缕，影响海陆产业关联，即海陆经济一体化发展的要素十分众多，因此，整合海陆经济框架的难度较大，如国家政策制度、区域海洋科技等因素，都会对海陆经济一体化造成重要影响。本书从海陆产业关联和要素流动的视角出发，构建了海陆经济一体化的评价指标体系，并对海陆经济一体化的阶段性变化的深层次驱动机理进行了分析，是海陆经济一体化相关研究的深化，但是本书研究受到数据统计体系、时间、资料收集困难等多方面条件的限制，相关研究仍然需要不断完善，将更多的影响因素考虑进去才能更为客观地反映海陆经济一体化的发展。

参考文献

［1］ Balassa B. The Theory of Economic Integration ［M］. London: Allen and Unwin, 1961.

［2］ Chow G. C. Capital Formation and Economic Growth in China ［J］. The Quarterly Journal of Economics, 1993, 108 (3): 809 - 842.

［3］ Cochrane K L. Reconciling Sustainability, Economic Efficiency and Equity in Fisheries: The One That Got Away? ［Z］. Blackwell Science Ltd. , 2000 (1): 3 - 21.

［4］ Davis B C. Regional Planning in the US Coastal Zone: A Comparative Analysis of 15 Special Area Plans ［J］. Ocean & Coastal Management, 2004, 47 (1 - 2): 79 - 94.

［5］ Davos C. A. , Siakavara K. , Santorineou A. et al. Zoning of Marine Protected Areas: Conflicts and Cooperation Options in the Galapagos and San Andres Archipelagos ［J］. Ocean & Coastal Management, 2007, 50 (3 - 4): 223 - 252.

［6］ Dazhao S. , Enyuan W. , Nan L. et al. Rock Burst Prevention Based on Dissipative Structure Theory ［J］. International Journal of Mining Science and Technology, 2012, 22 (2): 159 - 163.

［7］ Deboudt P. , Dauvin J. , Lozachmeur O. Recent Developments in Coastal Zone Management in France: The Transition Towards Integrated Coastal Zone Management (1973 ~ 2007) ［J］. Ocean & Coastal Management, 2008, 51 (3): 212 - 228.

［8］ Doloreux D, Melançon Y. On the Dynamics of Innovation in Quebec's Coastal Maritime Industry ［J］. Technovation, 2008, 28 (4): 231 - 243.

［9］ Doloreux D. , Shearmur R. Maritime Clusters in Diverse Regional Contexts: The Case of Canada ［J］. Marine Policy, 2009, 33 (3): 520 - 527.

［10］ Dyck A. J. , Sumaila U R. Economic Impact of Ocean Fish Populations in the global fishery [J] . Journal of Bioeconomics, 2010, 12 (3): 227 –243.

[11] EL – SABH, M. , DEMERS et al. Coastal Management and Sustainable Development : From Stockholm to Rimouski [J] . Ocean & Coastal Management, 1998 (1 –2): 179.

[12] Fabbri K. P. A Methodology for Supporting Decision Making in Integrated Coastal Zone Management [J] . Ocean & Coastal Management, 1998, 39 (1): 51 –62.

[13] G. K. Contributions of Marine and Coastal Area Research and Observations Towards Sustainable Development of Large Coastal Cities [J] . Ocean & Coastal Management, 2001 (44): 283 –291.

[14] Haken H. Synergetics an Introduction: Nor – equilibrium Phase Transitions and Self – organization in Physics, Chemistry, and Biology [M] . Berlin: Springer – Verlag, 1977.

[15] Haken H. Synergetics of Brain Function [J] . International Journal of Psychophysiology, 2006, 60 (2): 110 –124.

[16] Holdowsky M. , Pontecorvo G. , Anderson R. E. Contribution of the Ocean Sector to the United States Economy [J]. Science, 1980, 208 (4447): 1000 –1006.

[17] Iliana Cicin – Sain R K. Integrated Coastal and Ocean Management: Concepts and Practices [M] . Washington, D. C: Island Press, 1998.

[18] Jan T. International Economic Integration [M]. Amsterdam: Elsevier, 1954.

[19] Jefferson G. , Rawski T. , Zheng Y. Growth, Efficiency, and Convergence in Chinese Industry: A Comparative Evaluation of the State and Collective Sectors [J]. 1992, 40 (2): 239 –265.

[20] Kildow J. T. , McIlgorm A. The Importance of Estimating the Contribution of the Oceans to National Economies [J] . Marine Policy, 2010 (34): 367 –374.

[21] Kwak S. , Yoo S. , Chang J. The Role of the Maritime Industry in the Korean National Economy: An Input – output Analysis [J] . Marine Policy, 2005, 29 (4): 371 –383.

[22] Kyoung – ho P. The Sheel and Shipbuilding Industries of South Korea: Rising East Asia and globalization [J] . American Sociological Association, 2009, 2 (15): 167 –192.

[23] Morrissey K. , O. Donoghue C. , Hynes S. Quantifying the Value of Multi – Sectoral Marine Commercial Activity in Ireland [J] . Marine Policy, 2011, 35 (5): 721 –727.

[24] Morrissey K. , O. Donoghue C. The Role of the Marine Sector in the Irish National Economy: An Input - output Analysis [J] . Marine Policy, 2012, 37 (1): 230 - 238.

[25] Peijin M. , Wang B. Order Parameter Hysteresis on the Complex Network [J] . Chinese Physics Letters, 2008, 25 (9): 3507 - 3510.

[26] Pickaver A. H. , Gilbert C. , Breton F. An Indicator Set to Measure the Progress in the Implementation of Integrated Coastal Zone Management in Europe [J] . Ocean & Coastal Management, 2004 (47): 449 - 462.

[27] Shi C. , Hutchinson S. M. , Yu L et al. Towards a Sustainable Coast: An Integrated Coastal Zone Management Framework for Shanghai, People's Republic of China [J] . Ocean & Coastal Management, 2001, 44 (5 - 6): 411 - 427.

[28] Sorensen J. The International Proliferation of Integrated Coastal Zone Management Efforts [J] . Ocean & Coastal Management, 1993, 21 (1 - 3): 45 - 80.

[29] Suman D. Case Studies of Coastal Conflicts: Comparative US/European Experiences [J] . Ocean & Coastal Management, 2001, 44 (1 - 2): 1 - 13.

[30] Taaffe E. J. , Morrill R. L. , Gould P. R. Transport Expansion in Underdeveloped Countries: A Comparative Analysis [J] . Geographical Review, 1963, 53 (4): 503 - 529.

[31] Talley W. K. Optimum Throughput and Performance Evaluation of Marine Terminals [J] . Maritime Policy & Management, 1988, 15 (4): 327 - 331.

[32] Yamawaki H. The Evolution and Structure of Industrial Clusters in Japan [J] . Small Business Economics, 2002, 18 (1 - 3): 121 - 140.

[33] Charles S. Colgan, 何广顺, 王晓慧等. 海洋经济和沿海经济的计量理论和方法 [J] . 经济资料译丛, 2010 (2): 59 - 74.

[34] 鲍捷, 吴殿廷, 蔡安宁等. 基于地理学视角的"十二五"期间我国海陆统筹方略 [J] . 中国软科学, 2011 (5): 1 - 11.

[35] 蔡安宁, 李婧, 鲍捷等. 基于空间视角的陆海统筹战略思考 [J] . 世界地理研究, 2012 (1): 26 - 34.

[36] 曹可. 海陆统筹思想的演进及其内涵探讨 [J] . 国土与自然资源研究, 2012 (5): 50 - 51.

[37] 常玉苗, 成长春. 江苏海陆产业关联效应及联动发展对策 [J] . 地域研究与开发, 2012 (4): 34 - 36.

[38] 陈秋玲, 于丽丽. 我国海洋产业空间布局问题研究 [J] . 经济纵横, 2014 (12): 41 - 44.

［39］陈琳．福建省海洋产业集聚与区域经济发展耦合评价研究［D］．福建农林大学硕士学位论文，2012.

［40］陈秋玲，于丽丽．中国海陆一体化理论与实践研究动态［J］．江淮论坛，2015（3）：60－66.

［41］陈秋玲等．中国海洋产业发展报告（2012～2013）［M］．上海：上海大学出版社，2014.

［42］仇方道，沈正平，张纯敏．产业生态化导向下江苏省工业环境绩效比较［J］．经济地理，2014（3）：162－169.

［43］戴桂林，刘蕾．基于系统论的海陆产业联动机制探讨［J］．海洋开发与管理，2007（6）：87－92.

［44］戴学来．滨海新区在环渤海区域中的比较优势［J］．天津经济，2005（8）：15－17.

［45］单豪杰．中国资本存量 K 的再估算：1952～2006 年［J］．数量经济技术经济研究，2008（10）：17－31.

［46］邓聚龙．灰色系统基本方法［M］．武汉：华中理工大学出版社，1992.

［47］邓俊英，张继承，李晓燕．对我国海洋可持续发展的政策建议［J］．海洋开发与管理，2014（2）：16－20.

［48］刁晓纯，苏敬勤．基于序参量识别的产业生态网络演进方式研究［J］．科学学研究，2008（3）：506－510.

［49］董晓菲，韩增林，王荣成．东北地区沿海经济带与腹地海陆产业联动发展［J］．经济地理，2009（1）：31－35.

［50］董孝斌，高旺盛．关于系统耦合理论的探讨［J］．中国农学通报，2005（1）：290－292.

［51］都晓岩，韩立民．论海洋产业布局的影响因子与演化规律［J］．太平洋学报，2007（7）：81－86.

［52］范斐，孙才志．辽宁省海洋经济与陆域经济协同发展研究［J］．地域研究与开发，2011（2）：59－63.

［53］范建双，虞晓芬．建筑业全要素生产率增长与区域经济增长的耦合效应分析［J］．经济地理，2012（8）：25－30.

［54］盖美，刘伟光，田成诗．中国沿海地区海陆产业系统时空耦合分析［J］．资源科学，2013（5）：966－976.

［55］高乐华，高强．海洋生态经济系统交互胁迫关系验证及其协调度测算［J］．资源科学，2012（1）：173－184.

［56］高楠，马耀峰，李天顺等．基于耦合模型的旅游产业与城市化协调发展研究——以西安市为例［J］．旅游学刊，2013（1）：62－68．

［57］高源，杨新宇，张琳．辽宁省海洋产业结构演进与部门发展动态研究［J］．资源开发与市场，2009（11）：986－989．

［58］郭莉，苏敬勤，徐大伟．基于哈肯模型的产业生态系统演化机制研究［J］．中国软科学，2005（11）：156－160．

［59］郭越，董伟．我国主要海洋产业发展与存在问题分析［J］．海洋开发与管理，2010（3）：70－75．

［60］国家海洋局海洋发展战略研究所课题组．中国海洋发展报告（2010）［M］．北京：海洋出版社，2010．

［61］国家海洋局海洋发展战略研究所课题组．中国海洋经济发展报告（2013）［M］．北京：经济科学出版社，2013．

［62］海洋经济、海洋产业和海洋相关产业基本概念［J］．海洋经济，2012（1）：33．

［63］韩立民，卢宁．关于海陆一体化的理论思考［J］．太平洋学报，2007（8）：82－87．

［64］韩立民，张红智．海陆经济板块的相关性分析及其一体化建议［N］．中国海洋报，2006．

［65］韩立民．试论海洋产业结构的演进规律［N］．中国海洋报，2006．

［66］韩增林，郭建科，杨大海．辽宁沿海经济带与东北腹地城市流空间联系及互动策略［J］．经济地理，2011（5）：741－747．

［67］韩增林，刘桂春．海洋经济可持续发展的定量分析［J］．地域研究与开发，2003，22（3）：1－4．

［68］韩忠南．我国海洋经济展望与推进对策探讨［J］．海洋开发与管理，1995（1）：12－15．

［69］何佳霖，宋维玲．基于滤波方法的海洋经济周期波动测定与分析［J］．海洋通报，2013（1）：1－7．

［70］洪伟东．海洋经济概念界定的逻辑［J］．海洋开发与管理，2015（10）：97－101．

［71］侯秀琼．我国海洋渔业的发展状况及对策［J］．科技致富向导，2012（12）：328－329．

［72］胡麦秀．上海海洋经济发展现状及其可持续发展的影响因素分析［J］．海洋经济，2012（4）：55－61．

［73］黄瑞芬，孙阳阳，张义豪．山东半岛蓝色经济区海洋产业与区域经济

的耦合关系研究［J］．中国渔业经济，2010（5）：137 – 142．

［74］黄瑞芬，王佩．海洋产业集聚与环境资源系统耦合的实证分析［J］．经济学动态，2011（2）：39 – 42．

［75］姜秉国，韩立民．山东半岛蓝色经济区发展战略分析［J］．山东大学学报（哲学社会科学版），2009（5）：92 – 96．

［76］李福柱，孙明艳．海洋经济对沿海地区经济发展的带动效应评价研究［J］．华东经济管理，2012（11）：32 – 35．

［77］李健，潘哲．基于生态足迹的天津市资源生产率研究［J］．生态经济（学术版），2013（1）：76 – 79．

［78］李健，滕欣．天津市海陆产业系统耦合协调发展研究［J］．干旱区资源与环境，2014（2）：1 – 6．

［79］李健，滕欣．天津市海陆产业系统协同效应及发展趋势研究——以战略性新兴产业为例［J］．科技进步与对策，2013（17）：39 – 44．

［80］李靖宇，刘海楠．论辽宁沿海经济带开发的战略投放体系［J］．东北财经大学学报，2009（5）：47 – 54．

［81］李靖宇，宋玉婷．辽宁沿海区域花园口工业区开发论证［J］．太平洋学报，2007（9）：81 – 91．

［82］李军，张梅玲．海陆资源协调开发的国内比较与启示［J］．山东社会科学，2012（5）：139 – 143．

［83］李琳，刘莹．中国区域经济协同发展的驱动因素——基于哈肯模型的分阶段实证研究［J］．地理研究，2014（9）：1603 – 1616．

［84］李睿．《2012 年中国海洋环境状况公报》发布近岸海域污染严重［J］．珠江水运，2013（11）：28．

［85］李文荣．海陆经济互动发展的机制探索［M］．北京：海洋出版社，2010．

［86］刘大海，纪瑞雪，关丽娟等．海陆二元结构均衡模型的构建及其运行机制研究［J］．海洋开发与管理，2012（7）：112 – 115．

［87］刘大海，纪瑞雪，邢文秀．海陆资源配置理论与方法研究［M］．北京：海洋出版社，2014．

［88］刘广斌，张义忠．促进中国海陆一体化建设的对策研究［J］．海洋经济，2012（2）：11 – 17．

［89］刘俊杰．粤西海洋资源开发及产业化战略构想［J］．湛江海洋大学学报，2000（2）：68 – 71．

［90］刘曙光，姜旭朝．中国海洋经济研究 30 年：回顾与展望［J］．中国

工业经济，2008（11）：153－160.

[91] 刘伟光，盖美. 耗散结构视角下我国海陆经济一体化发展研究 [J].
资源开发与市场，2013（4）：385－389.

[92] 刘伟光. 辽宁省海陆产业系统协同演进与调控措施探讨——耗散结构
理论下 [J]. 现代商贸工业，2012：56－60.

[93] 刘伟光. 我国沿海地区海陆产业系统时空耦合研究 [D]. 辽宁师范
大学硕士学位论文，2013.

[94] 刘兴坡，丁永生. 上海市海岸带管理的现状、挑战及发展分析 [J].
长江流域资源与环境，2010（12）：1374－1378.

[95] 刘耀彬，宋学锋. 城市化与生态环境的耦合度及其预测模型研究
[J]. 中国矿业大学学报，2005（1）：94－99.

[96] 刘莹. 基于哈肯模型的我国区域经济协同发展驱动机制研究 [D].
湖南大学硕士学位论文，2014.

[97] 卢宁，韩立民. 海陆一体化的基本内涵及其实践意义 [J]. 太平洋学
报，2008（3）：82－87.

[98] 卢宁. 山东省海陆一体化发展战略研究 [D]. 中国海洋大学博士学
位论文，2009.

[99] 吕涛，聂锐. 产业联动的内涵理论依据及表现形式 [J]. 工业技术经
济，2007（5）：2－4.

[100] 栾维新，宋薇. 我国海洋产业吸纳劳动力潜力研究 [J]. 经济地理，
2003（4）：529－533.

[101] 栾维新，王海英. 论我国沿海地区的海陆经济一体化 [J]. 地理科
学，1998（4）：51－57.

[102] 栾维新. 发展临海产业实现辽宁海陆一体化建设 [J]. 海洋开发与
管理，1997（2）：34－37.

[103] 栾维新. 海陆一体化建设研究 [M]. 北京：海洋出版社，2004.

[104] 马仁锋，梁贤军，任丽燕. 中国区域海洋经济发展的"理性"与
"异化" [J]. 华东经济管理，2012（11）：27－31.

[105] 倪国江，鲍洪彤. 美、中海岸带开发与综合管理比较研究 [J]. 中
国海洋大学学报（社会科学版），2009（2）：13－17.

[106] 乔标，方创琳. 城市化与生态环境协调发展的动态耦合模型及其在干
旱区的应用 [J]. 生态学报，2005（11）：211－217.

[107] 乔翔. 中西方海洋经济理论研究的比较分析 [J]. 中州学刊，2007
（6）：38－41.

［108］秦艳，蒋海勇．广西北部湾经济区的绿色发展［J］．广西财经学院学报，2009（6）：30－34.

［109］秦月，秦可德，徐长乐．流域经济与海洋经济联动发展研究——以长江经济带为例［J］．长江流域资源与环境，2013（11）：1405－1411.

［110］任东明，张文忠，王云峰．论东海海洋产业的发展及其基地建设［J］．地域研究与开发，2000（1）：54－57.

［111］沈满洪，张兵兵．交易费用理论综述［J］．浙江大学学报（人文社会科学版），2013（2）：44－58.

［112］宋军继．山东半岛蓝色经济区陆海统筹发展对策研究［J］．东岳论丛，2011（12）：110－113.

［113］宋瑞敏，杨化青．广西海洋产业发展中的金融支持研究［J］．广西社会科学，2011（9）：28－32.

［114］宋旭光，席玮．基于全要素生产率的资源回弹效应研究［J］．财经问题研究，2011（10）：20－24.

［115］宋学锋，刘耀彬．城市化与生态环境的耦合度模型及其应用［J］．科技导报，2005（5）：31－33.

［116］苏雪丰．中国城市化与二元经济转化［M］．北京：首都经济贸易大学出版社，2005.

［117］孙爱军，董增川，张小艳．中国城市经济与用水技术效率耦合协调度研究［J］．资源科学，2008，30（3）：446－453.

［118］孙才志，高扬，韩建．基于能力结构关系模型的环渤海地区海陆一体化评价［J］．地域研究与开发，2012（6）：28－33.

［119］孙才志，王会．辽宁省海洋产业结构分析及优化升级对策［J］．地域研究与开发，2007（4）：7－11.

［120］孙吉亭，孙莅元．"海陆耦合论"与山东半岛蓝色经济区建设［J］．中国渔业经济，2011（1）：79－84.

［121］孙吉亭，赵玉杰．我国海洋经济发展中的海陆统筹机制［J］．广东社会科学，2011（5）：41－47.

［122］孙加韬．中国海陆一体化发展的产业政策研究［D］．复旦大学博士学位论文，2011.

［123］陶小马，谭婧，陈旭．考虑自然资源要素投入的城市效率评价研究——以长三角地区为例［J］．中国人口·资源与环境，2013（1）：143－154.

［124］王海英，栾维新．海陆相关分析及其对优化海洋产业结构的启示［J］．海洋开发与管理，2002（6）：28－32.

［125］王倩，李彬．关于"海陆统筹"的理论初探［J］．中国渔业经济，2011（3）：29－35．

［126］王涛，赵昕，郑慧．基于层次分析法的主要海洋产业综合实力的测度［J］．中国渔业经济，2014（1）：83－88．

［127］王涛，赵昕，郑慧等．比较优势识别下的海陆经济合作强度测度［J］．中国软科学，2014（4）：92－102．

［128］王小鲁，樊纲．中国经济增长的可持续性——跨世纪的回顾与展望［M］．北京：经济科学出版社，2000．

［129］王毅，丁正山，余茂军等．基于耦合模型的现代服务业与城市化协调关系量化分析——以江苏省常熟市为例［J］．地理研究，2015（1）：97－108．

［130］王子龙，谭清美，许萧笛．区域经济系统演化的自组织机制研究［J］．财贸研究，2005（6）：5－9．

［131］吴凯，卢布，杨敬华．中国沿海省市海洋经济的现状及其协调发展［J］．中国农学通报，2007（6）：654－658．

［132］吴以桥，杨山，王伟利．基于沿海大开发背景的江苏海洋产业发展研究［J］．南京师大学报（自然科学版），2010（1）：130－135．

［133］吴以桥．我国海洋产业布局现状及对策研究［J］．科技与经济，2011（1）：56－60．

［134］吴雨霏．基于关联机制的海陆资源与产业一体化发展战略研究［D］．中国地质大学（北京）博士学位论文，2012．

［135］吴玉鸣，张燕．中国区域经济增长与环境的耦合协调发展研究［J］．资源科学，2008（1）：25－30．

［136］武春友，刘岩，王恩旭．基于哈肯模型的城市再生资源系统演化机制研究［J］．中国软科学，2009（11）：154－159．

［137］夏飞，张建忠等．中国南海海陆经济一体化研究［M］．北京：中国社会科学出版社，2013．

［138］夏青．基于哈肯模型的现代服务业演化机制研究［J］．中国矿业大学学报，2013（4）：683－688．

［139］向云波，徐长乐，戴志军．世界海洋经济发展趋势及上海海洋经济发展战略初探［J］．海洋开发与管理，2009（2）：46－52．

［140］熊斌，葛玉辉．基于哈肯模型的科技创新团队系统演化机制研究［J］．科技与管理，2011（4）：47－50．

［141］徐长乐，向云波，张艺钟等．上海海洋经济发展战略［J］．长江流域资源与环境，2009（6）：501－507．

[142] 徐敬俊．海洋产业布局的基本理论研究暨实证分析［D］．中国海洋大学博士学位论文，2010.

[143] 徐胜．我国海陆经济发展关联性研究［J］．中国海洋大学学报（社会科学版），2009（6）：27－33.

[144] 徐志良．"新东部"构想：统筹中国区域发展的高端视野［J］．海洋开发与管理，2008（12）：61－67.

[145] 徐质斌，朱毓政．关于港口经济和港城一体化的理论分析［J］．湛江海洋大学学报，2004（5）：7－13.

[146] 徐质斌．构架海陆一体化社会生产的经济动因研究［J］．太平洋学报，2010，18（1）：73－80.

[147] 徐质斌．海洋经济与海洋经济科学［J］．海洋科学，1995（2）：21－23.

[148] 徐质斌．陆海统筹、陆海一体化：经济解释及实施重点［C］．海陆统筹和可持续发展——2008年中国海洋论坛，中国浙江象山，2008.

[149] 严焰，徐超．海洋高技术产业海陆交汇产业链构建及评价［J］．科技进步与对策，2012，29（23）：60－64.

[150] 晏维龙，孙军．海洋经济崛起视阈下我国产业结构演变及空间差异［J］．社会科学辑刊，2013（4）：81－86.

[151] 杨金森．建立合理的海洋经济结构［J］．海洋开发，1984（1）：22－26.

[152] 杨荫凯．陆海统筹发展的理论、实践与对策［J］．区域经济评论，2013（5）：31－34.

[153] 杨羽顿，孙才志．环渤海地区陆海统筹度评价与时空差异分析［J］．资源科学，2014（4）：691－701.

[154] 杨志龙，宋华，马白学．跨越传统农业——我国二元经济结构与社会主义市场经济体制的建立［M］．甘肃：甘肃民族出版社，1998.

[155] 叶向东，陈国生．构建"数字海洋"实施海陆统筹［J］．太平洋学报，2007（4）：77－86.

[156] 叶向东．海陆统筹发展战略研究［J］．海洋开发与管理，2008（8）：33－36.

[157] 殷克东，李平．沿海省市陆海经济发展和谐度研究［J］．统计与决策，2011（6）：116－118.

[158] 殷克东，王晓玲．中国海洋产业竞争力评价的联合决策测度模型［J］．经济研究参考，2010（28）：27－39.

[159] 殷克东，王自强，王法良．我国陆海经济关联效应测算研究 [J]．中国渔业经济，2009（6）：110－114.

[160] 殷为华，常丽霞．国内外海洋产业发展趋势与上海面临的挑战及应对 [J]．世界地理研究，2011（4）：104－112.

[161] 于谨凯，李姗姗．产业链视角下山东半岛蓝色经济区海陆统筹研究 [J]．海洋经济，2015（2）：33－39.

[162] 于谨凯，于海楠，刘曙光等．基于"点—轴"理论的我国海洋产业布局研究 [J]．产业经济研究，2009（2）：55－62.

[163] 于淑文．浅析我国近海区域的环境污染及治理 [J]．中国渔业经济，2013（1）：155－159.

[164] 苑清敏，杨蕊．我国海洋产业与陆域产业协同共生分析 [J]．海洋环境科学，2014（2）：192－197.

[165] 曾刚，林兰．长江三角洲区域产业联动的理论与实践 [J]．中国发展，2009（1）：69－75.

[166] 翟仁祥，李敏瑞．江苏省建设海洋经济强省的测度与评价 [J]．江苏农业科学，2011（5）：541－543.

[167] 张海伟．贸易引力模型的扩展及应用综述 [J]．商业经济，2010（2）：68－70.

[168] 张静，韩立民．试论海洋产业结构的演进规律 [J]．中国海洋大学学报（社会科学版），2006（6）：1－3.

[169] 张军，吴桂英，张吉鹏．中国省际物质资本存量估算：1952～2000年 [J]．经济研究，2004（10）：35－44.

[170] 张军，章元．对中国资本存量 K 的再估计 [J]．经济研究，2003（7）：35－43.

[171] 张铁男，韩兵，张亚娟．基于 B－Z 反应的企业系统协同演化模型 [J]．管理科学学报，2011（2）：42－52.

[172] 张耀光，韩增林，刘锴等．海洋资源开发利用的研究——以辽宁省为例 [J]．自然资源学报，2010（5）：785－794.

[173] 张耀光，胡宜鸣．辽宁海岛旅游资源开发研究 [J]．海洋开发与管理，1995（3）：8－12.

[174] 张耀光．我国海陆经济带的可持续发展 [J]．海洋开发与管理，1996（2）：75－80.

[175] 张志元，董彦岭，何燕等．山东半岛蓝色经济区金融产业：发展现状、问题与对策 [J]．经济与管理评论，2013（1）：151－160.

［176］赵昕，王茂林．基于灰色关联度测算的海陆产业关联关系研究［J］．商场现代化，2009（15）：150－151.

［177］赵昕，王彦楠．海陆产业资金要素流动的效应分析［J］．经济师，2009（6）：42－43.

［178］赵昕，余亭．沿海地区海洋产业布局的现状评价［J］．渔业经济研究，2009（3）：11－16.

［179］赵亚萍，曹广忠．山东省海陆产业协同发展研究［J］．地域研究与开发，2014（3）：21－26.

［180］赵玉林，魏芳．高技术产业系统形成和演化机制研究［J］．商业时代，2007（26）：92－93.

［181］赵玉林，魏芳．基于哈肯模型的高技术产业化过程机制研究［J］．科技进步与对策，2007（4）：82－86.

［182］赵志耘，杨朝峰．中国全要素生产率的测算与解释：1979～2009年［J］．财经问题研究，2011（9）：3－12.

［183］郑贵斌．我国陆海统筹区域发展战略与规划的深化研究［J］．区域经济评论，2013（1）：19－23.

［184］郑晓美．广东省海洋功能区划对海洋产业布局的优化［J］．海洋信息，2012（2）：64－68.

［185］周亨．论海陆一体化开发［J］．理论与改革，2000（6）：78－80.

［186］周乐萍．基于海陆统筹的辽宁省海陆经济协调持续发展评价及演进特征分析［J］．经济与管理评论，2015（2）：138－145.

［187］周秋麟，周通．国外海洋经济研究进展［J］．海洋经济，2011（1）：43－52.

［188］朱凌．聚类分析法在海陆一体化建设区域类型划分中的应用［J］．海洋开发与管理，2010（5）：56－59.

［189］朱念，朱芳阳．北部湾经济区海洋产业转型升级对策探析［J］．海洋经济，2011（6）：40－44.

［190］朱永达，张涛，李炳军．区域产业系统的演化机制和优化控制［J］．管理科学学报，2001（3）：73－78.

后 记

创新是民族进步的灵魂，是一个国家兴旺发达的不竭动力。一个没有创新意识的个体无法在竞争中披荆斩棘，一个缺乏创新能力的民族难以在国际竞争中永立不败之地。阿西莫夫说过，创新是科学房屋的生命力。创新是科学技术发展的动力源泉，创新可以向社会源源不断地提供经济、社会前进必需的新知识、新观念、新技术、新工艺和新服务。随着世界范围内科学技术的突飞猛进，创新成果不断涌现，科技实力已经成为衡量一个国家综合实力的有力砝码。

从世界历史看，大国崛起呈现"科技强国—经济强国—政治强国"的规律，英国在第一次科技革命后，依靠完整的科技体系和持续创新能力，成为世界上第一个工业国家；德国在以内燃机和电气化为代表的第二次科技革命后崛起成为欧洲工业强国；美国抓住以电子信息等为代表的第三次科技革命机遇成为世界头号强国；日本、"亚洲四小龙"等依靠科技创新实现赶超成为发达经济体。进入21世纪以来，全球科技创新呈现新的发展态势和特征，新一轮科技革命和产业变革加速推进。创新战略成为世界主要国家的核心战略，全球创新竞争呈现新格局。美国自奥巴马总统上台后连续三次推出国家创新战略；德国连续颁布三次高技术战略，在此基础上又制订了"工业4.0"计划；日本、韩国以及俄罗斯、巴西、印度等新兴经济体，都在积极部署出台国家创新发展战略或规划。

中华民族自古以来就有重视科技创新的传统，依靠众智取得了一批重大的科技创新成果。改革开放以来，"两弹一星"的横空出世，构筑起捍卫国家安全的防线；"神舟飞船"的遨游苍穹，迈开了和平利用太空的步伐；杂交水稻的成功培育，实现了粮食生产的跨越；以华为、海尔为代表的企业傲然屹立于竞争激烈的国际市场。进入21世纪，我国进入了必须依靠增强科技创新能力推动经济社会发展的历史阶段，科技创新得到了党和政府的高度重视。2002年11月8日，中共十六大报告指出，要"走出一条科技含量高、经济效益好、资源消耗少、人力资源优势得到充分发挥的工业化路子"，要"鼓励科技创新，在关键领域和若干科技发展前沿掌握核心技术和拥有一批自主知识产权"。2005年10月11日，中共十六届五中全会通过的《中共中央关于制定国民经济和社会发展第十一个五年规划的建议》把提高科技创新能力提到了实现科学发展、推动民族振兴的战略地位。中共十八大明确指出，科技创新是提高社会生产力和综合国力的战略支撑，必须要摆在国家发展全局的核心位置。习近平高度重视科技创新，围绕实施创新驱动发展战略、加快推进以科技创新为核心的全面创新，提出一系列新思想、新论断、新要求。

为了更好地服务于上海建设全球有影响力的科技创新中心的国家战略，上海大学智库产业研究中心、上海大学产业经济研究中心研究团队共同承担了《科技创新丛书》的编撰工作。《中国海陆经济一体化》为丛书的第二本，后期还将陆续推出《创新创业时代》、《技术创新异质性》、《高技术企业集聚》、《高技术产业发展》等。在本书编写的过程中，研究团队得到了上海大学党委副书记、副校长徐旭教授的大力支持和悉心指导，施利毅教授和陈秋玲教授多次参与研讨并提出方向性的指导。此外，上海大学经济学院的李骏阳教授、聂永有教授、殷凤教授等也给予了关心、支持和帮助，在此一并感谢！

《科技创新丛书》由徐旭教授担任总策划，本书是在于丽丽博士学位论文的基础上修改完成的，在撰写过程中，该书引用了很多学者的研究成果，大多附在参考文献中，在此对这些国内外专家和学者表示衷心的感谢！本书虽然经过作者反复核实校对，但由于全书涉及面较广，加之于作者水平所限，难免有疏忽或遗漏甚至错误之处，恳请广大读者给予指正！

编委会

2016.11